中国传统家具制作与鉴赏

ENCYCLOPEDIA OF CHINA TRADITIONAL FURNITURE MAKING AND APPRECIATION

百楝全书

上册 | 坐卧具 之 椅几类 |

本书编写委员会 编写

胡景初 周京南 主审

贾刚 袁进东 李岩 主编

中国林业出版社
China Forestry Publishing House

图书在版编目（ＣＩＰ）数据

中国传统家具制作与鉴赏百科全书. 上册 /《中国传统家具制作与鉴赏百科全书》编写委员会编写.
—— 北京：中国林业出版社，2017.7

ISBN 978-7-5038-9116-8

Ⅰ. ①中… Ⅱ. ①中… Ⅲ. ①家具 – 生产工艺②家具 – 鉴赏 – 中国 Ⅳ. ① TS664 ② TS666.2

中国版本图书馆 CIP 数据核字 (2017) 第 158194 号

本书编写委员会

◎ 编委会成员名单
主　审：胡景初　周京南
主　编：贾　刚　袁进东　李　岩
编　写：贾　刚　董君　袁进东　李　岩
策　划：北京大国匠造文化有限公司

◎ 特别鸣谢：中南林业科技大学中国传统家具研究创新中心

中国林业出版社　·　建筑与家居出版分社

责任编辑：纪　亮
文字编辑：纪　亮　王思源

出版：中国林业出版社
（100009 北京西城区德内大街刘海胡同 7 号）
http://lycb.forestry.gov.cn/
电话：（010）8314 3518
发行：中国林业出版社
印刷：北京利丰雅高长城印刷有限公司
版次：2017 年 7 月第 1 版
印次：2017 年 7 月第 1 次
开本：235mm×305mm　1/16
印张：32
字数：400 千字
定价：560.00 元（2 册）

前言

中华文化源远流长，在人类文明史上独树一帜，在孕育中华传统文化的同时更孕育出中国独有的家具文化。从中国家具文化史上看，明清是家具发展的高峰期。明代，手工业的艺人较前代有所增多，技艺也非常高超。明代江南地区手工艺较前代大大提高，并且出现了专业的家具设计制造的行业组织。《鲁班经匠家镜》一书是建筑的营造法式和家具制造的经验总结。它的问世，对明代家具的发展和形成起了重大的推动作用。到清代，明式硬木家具在全国很多地方都有生产，最终形成了以北京为核心的京作家具，以苏州为核心的苏作家具，以及以广州为核心的广作家具。明清家具的辉煌奠定了中国家具在世界家具史上的高度。

明清家具的发展史，也是中国红木与硬木家具的发展史。中国的匠人历来讲究的是因才施艺，对匠人的理解也是独特的，匠人乃承艺载道之人也。正所谓："匠人者身怀绝技之人是也，悟道铭于心，施艺凭于手，造物时手随心驰，心从手思，心手相应方可成承艺载道之器，器之表为艺，内则为道，道为器之魂、艺为器之体，缺艺之器难以载道，失道之器无可承艺，故道艺同存一体，不可分也。"

然而，由于种种原因，到了近现代中国传统红木家具的制作技艺并没有随着时代的发展而繁荣，大量的家具技艺成为国家的非遗保护项目，很多的技艺面临失传。党的十八大以来，国家越发重视制造业，重视匠人，并提出"匠人精神"、工匠兴国的发展理念。国家重视匠人，重视传统文化、重视传统家具，然匠人缺失，从业无标准可依托。本套图书及在这种背景下产生，共分为 6 册，分别为椅几类、柜格类、台案类、沙发类、床榻类、组合和其他类，收录了明清在谱家具和新中式家具 6000 余款，为了方便读者的学习，内容力求原汁原味的反映出传统家具技艺，并通过实物图、CAD 三视图、精雕效果图多角度全方位展示。图书不仅展现了家具的精美外观，更解析了家具的精细结构，用尺寸比例定义中国红木家具的科学和美观。本套图书收录的家具经过编者的细心挑选，在谱的一比一还原复制，新中式比例得当样式精美，每一件家具都有名有款。

本套图书集设计、制作、收藏、鉴赏全流程的红木家具，力求面面俱到，但因内容繁复，难免有误，欢迎广大读者批评指正。

编者

目錄

目 录

款式点评：

此款座椅上圆下方，椅圈圆滑，搭脑成书卷状，靠背板镶嵌金丝楠水波纹板，下设亮角。下设脚踏板，圆腿直足。椅面下腿间均以罗锅枨和矮老连接支撑，加强座椅的稳固性。

透视图

主视图

侧视图

俯视图

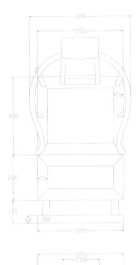

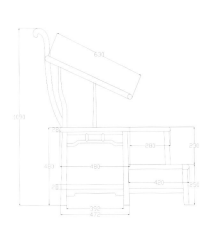

CAD 结构图

山水浮雕宝座

款式点评：

此款宝座雕工精美，椅背、搭脑、扶手采用透雕盘龙、祥云纹样，靠背板为浮雕山水画，椅面平整方正，高束腰雕刻回字纹，彭牙突起雕刻龙纹，虎腿粗短，四足外翻，整个宝座庄重大气，是难得的艺术珍品。

————— 透视图 —————

主视图

侧视图

俯视图

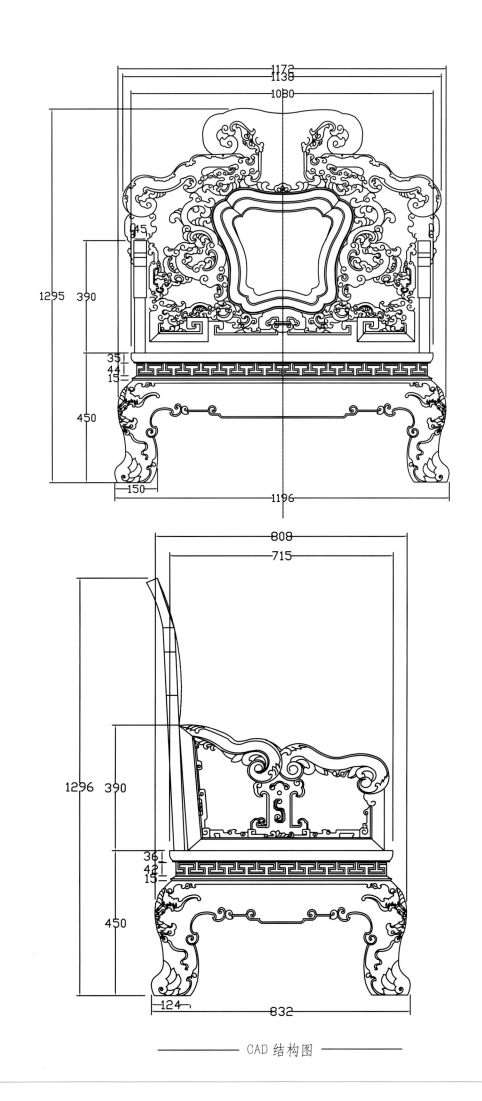

1172
1138
1080
45
1295 390
35
44
15
450
150
1196

808
715
1296 390
36
42
15
450
124
832

CAD 结构图

椅
幾
類

 # 休 闲 椅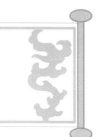

款式点评：

　　此套休闲椅整体以回字纹做装饰，轮廓间接分明，椅面方正，下以罗锅枨和矮老作为支撑链接，圆腿直足，下有步步登高枨。

主视图

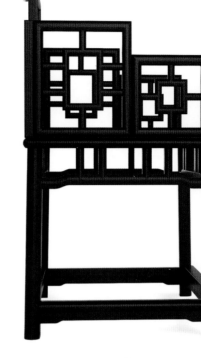

侧视图

俯视图

透视图

主视图

侧视图

俯视图

透视图

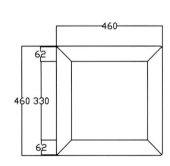

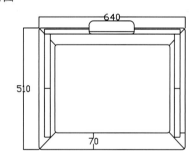

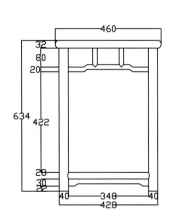

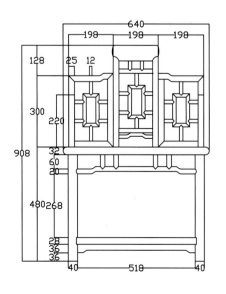

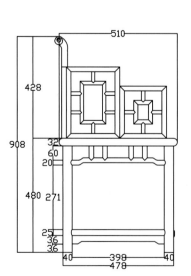

CAD 结构图

14

福庆休闲椅

———— 透视图 ————

款式点评：

　　此款座椅主要融入了万字纹，如意，祥云等图案，整套休闲椅古典优雅，寓意吉祥。此款座椅的椅背与扶手主要以万字纹做为装饰，靠背板自上而下雕刻如意祥云等纹样，椅面平直，方腿直足，牙条牙头均以如意雕文做装饰。

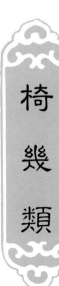

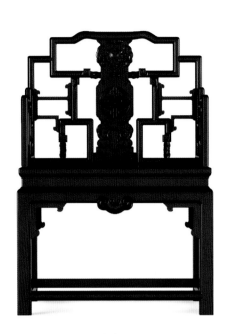

主视图

侧视图

俯视图

———— 透视图 ————

———— 精雕图 ————

主视图

侧视图

俯视图

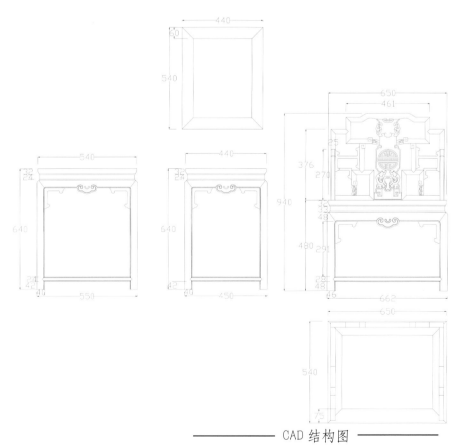

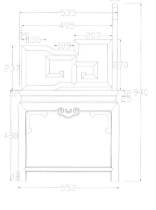

CAD 结构图

万 字 沙 发

款式点评：

此套沙发以回纹做主要装饰，勾勒轮廓。搭脑呈卷书状，背板浮雕园林风光图案，靠背边框和扶手边框内接螭龙纹，整体感觉通透灵秀，层次分明，立体感强，美轮美奂。整套沙发庄重、华丽、大气，极具清式家具的奢侈繁复风格，是一件不可多得的珍品。

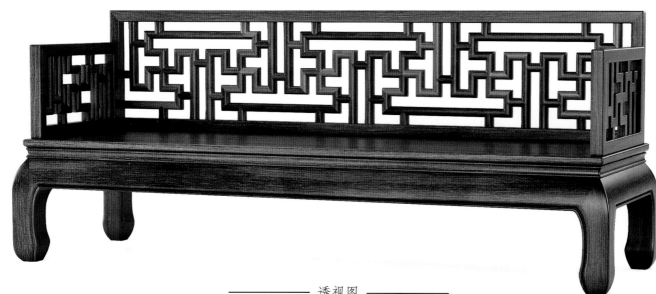

———— 透视图 ————

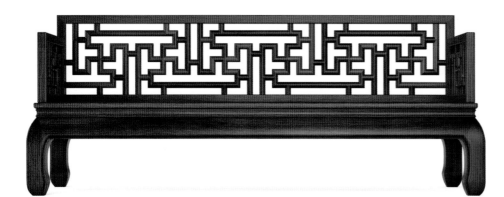

主视图

侧视图

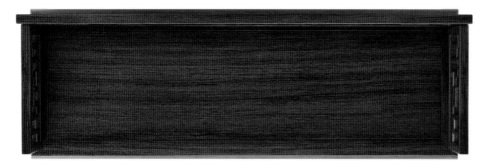

俯视图

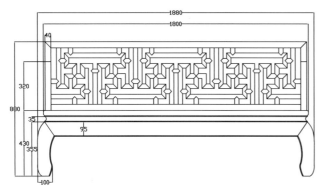

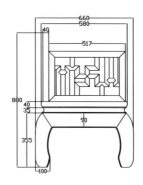

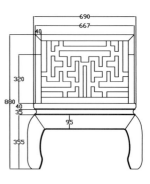

———— CAD 结构图 ————

俯视图

透视图

主视图

侧视图

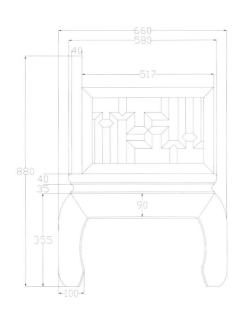

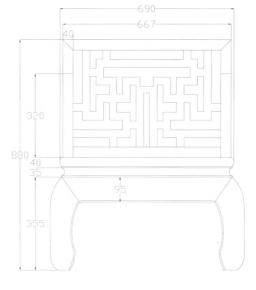

CAD 结构图

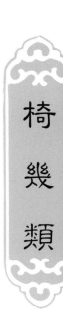

椅几类

透视图

主视图

侧视图

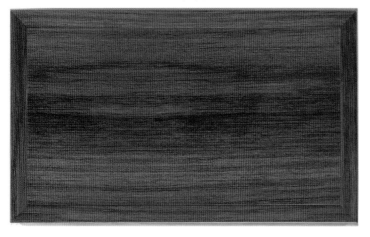

俯视图

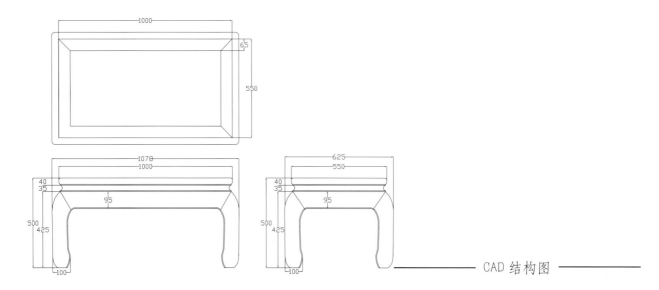

————— CAD 结构图 —————

俯视图

透视图

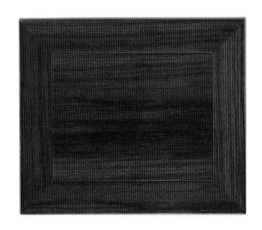

主视图

侧视图

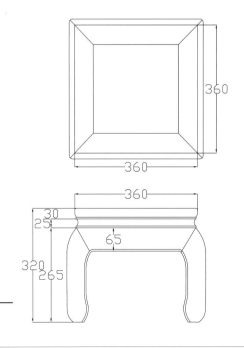

CAD 结构图

休　闲　椅　01

———— 透视图 ————

款式点评：

　　此款椅子是酸枝木所致，椅背扶手用万字纹做装饰，靠背板分为三部分，突起部分雕刻花纹作为搭脑，中间部分雕刻寿星纹样，下有亮角。椅面下高束腰雕刻简单纹样，下一罗锅枨做支撑连接。整套家具做工精美，既是艺术品又是一件实用的家具。

主视图

侧视图

俯视图

—— 透视图 ——

主视图

侧视图

俯视图

—— 透视图 ——

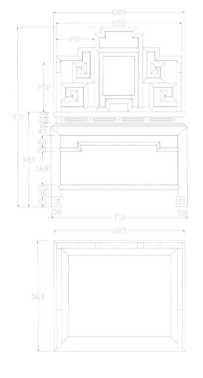

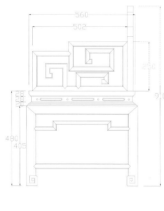

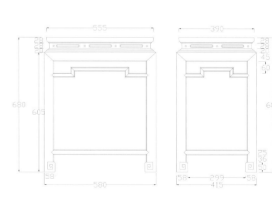

—— CAD 结构图 ——

透视图

款式点评:

　　此款休闲椅造型别具一格,椅背方正,搭脑呈如意形且中间雕有花纹,靠背板底部留有亮脚,方显灵活。椅背边框、扶手边框均为回字形纹,椅面下束腰,方腿直脚,下设拖泥,四足内翻呈马蹄形。

椅
几
类

主视图

侧视图

俯视图

透视图

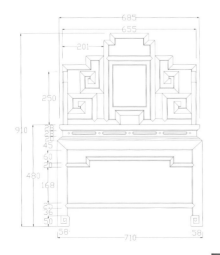

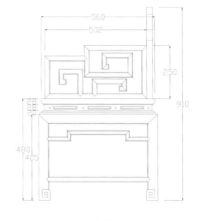

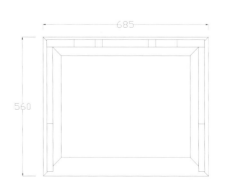

———— CAD 结构图 ————

主视图

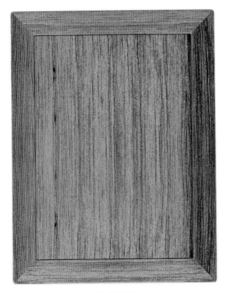

俯视图

—— 透视图 ——

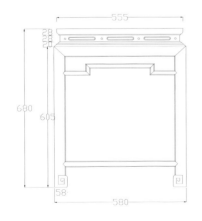

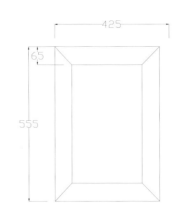

—— CAD 结构图 ——

椅幾類

福 庆 休 闲 椅

款式点评：

此款休闲椅套装做工精巧，外形恢弘大气，雕工轻巧独特，椅背宽阔，搭脑呈如意锁状，靠背板分为三部分，两侧上半部分是透雕花纹，中部是浮雕，下半部分是亮脚，扶手、牙条、四脚充满厚重感，且均有花纹雕饰。

透视图

主视图

侧视图

俯视图

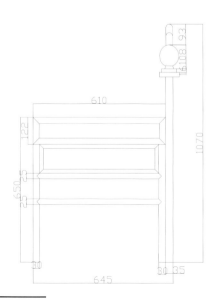

———— CAD 结构图 ————

主视图

侧视图

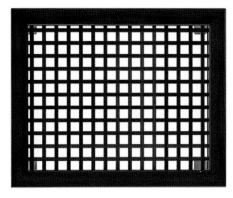

俯视图

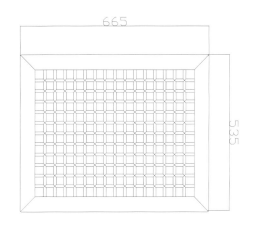

透视图

665

535

540

753 0

135

92 30

620

45

665

753 0

92 60

618

CAD 结构图

——— 透视图 ———

主视图

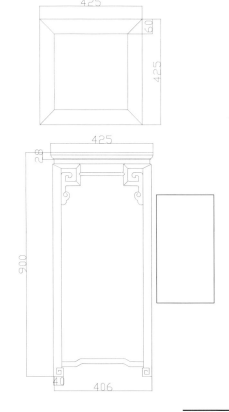

俯视图

——— CAD 结构图 ———

34

精雕图

福　　寿　　椅

———— 透视图 ————

款式点评：

此款座椅厚重而大气，椅背扶手均采用万字纹作为装饰，搭脑为卷轴造型，椅背雕刻福寿文字，椅面下设束腰，四腿方直，四足为内翻祥云状，下设拖泥。此款座椅预示着福寿安康，富贵吉祥。

主视图

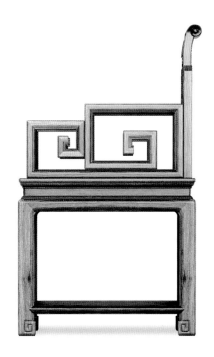

侧视图

俯视图

——— 透视图 ———

——— 精雕图 ———

主视图

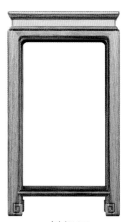

侧视图

俯视图

———— 透视图 ————

———— CAD 结构图 ————

卷书休闲椅

透视图

款式点评：

此款座椅靠背板平滑，搭脑为书卷状，边框与靠背板之间以透雕卷草花纹相连接，扶手曲度柔和，内透雕卷草花样作为装饰，椅面下有束腰，牙条牙头均雕有精细花纹，方腿直足简单而美观。

主视图

侧视图

俯视图

———— 透视图 ————

主视图

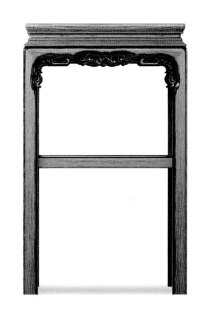

侧视图

俯视图

—— 透视图 ——

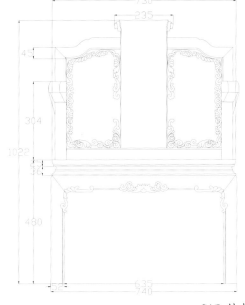

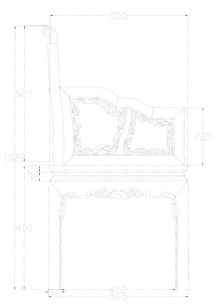

—— CAD 结构图 ——

内翻马蹄休闲椅

透视图

款式点评：

　　此座椅造型精美，雕刻纹样复杂多变，椅背采用透雕作为边框装饰，中间靠背板为浮雕造型与边框藤草相呼应，扶手为阶梯型万字纹，椅面下设束腰，方腿直足，四足为内翻马蹄形，下设拖泥。

主视图

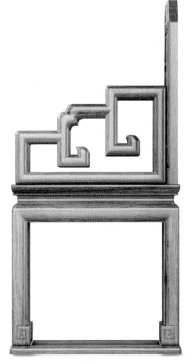

侧视图

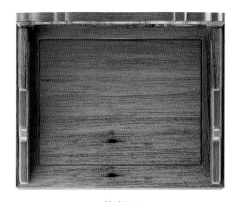

俯视图

—— 透视图 ——

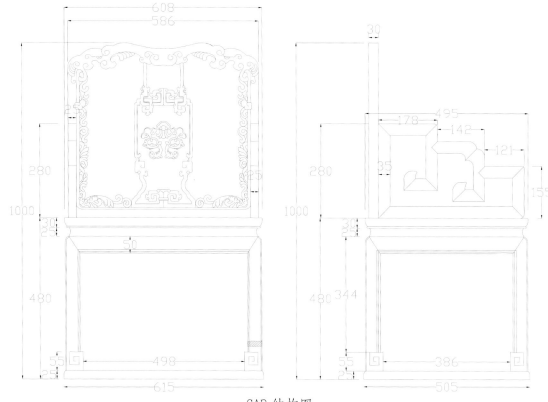

—— CAD 结构图 ——

主视图

侧视图

俯视图

—— 透视图 ——

靠 背 椅 01

———— 透视图 ————

款式点评：

    此靠背椅造型精巧，靠背边框弧度自然，靠背板分为三部分，上部透雕花纹，中间部分光滑平整，下部分设有两脚，灵动精巧，牙条牙头简单，下设拖泥。

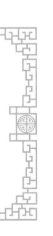

椅
几
类

主视图

侧视图

俯视图

—— 透视图 ——

—— 透视图 ——

主视图

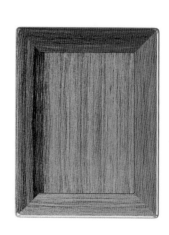

俯视图

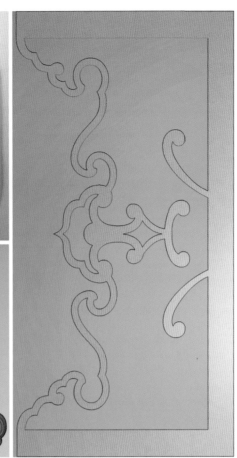

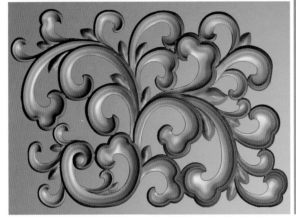

精雕图

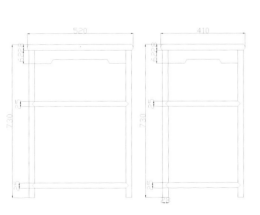

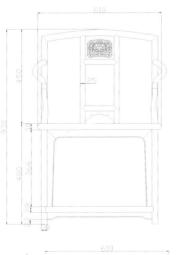

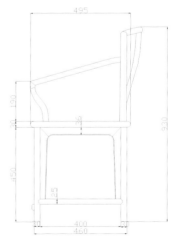

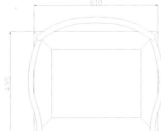

CAD 结构图

椅

幾

類

靠 背 椅 02

————— 透视图 —————

款式点评：

　　此椅靠背边框与扶手边框均为圆木，靠背板雕刻有花纹，板面光素。座板下牙头牙条平直。腿下装步步高赶枨。

主视图

侧视图

俯视图

精雕图

透视图

主视图

俯视图

透视图

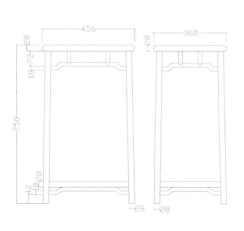

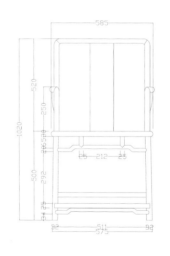

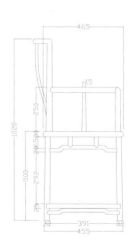

—————— CAD 结构图 ——————

官 帽 椅 01

——— 透视图 ———

款式点评:

　　此椅椅背采用攒靠背做法，分三截，上截雕刻图纹，生动形象；中间为平滑直板；下部为亮脚，通透灵动。椅盘下三面壶门券口牙子，腿间步步高赶枨，寓意仕途步步高升。

椅
几
類

主视图

侧视图

俯视图

———— 精雕图 ————

———— 透视图 ————

主视图

侧视图

俯视图

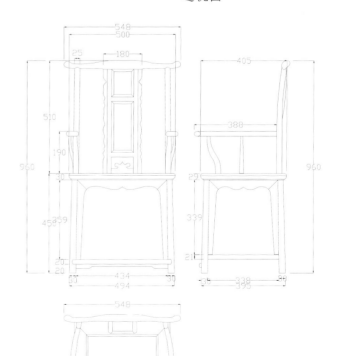

———— 透视图 ————

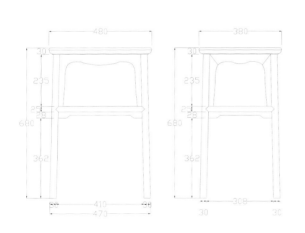

———— CAD 结构图 ————

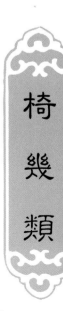

官 帽 椅 02

———— 透视图 ————

款式点评：

　　此椅"搭脑"两端出头，左右扶手前端出头。椅背上雕刻纹样精美，椅盘下三面壸门券口牙子，上浮雕卷草纹，既简洁又别致。整体古朴而优雅。

主视图

侧视图

俯视图

———— 透视图 ————

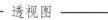
透视图

主视图

侧视图

俯视图

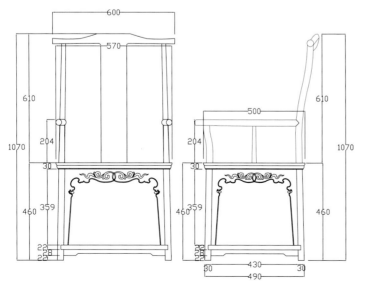

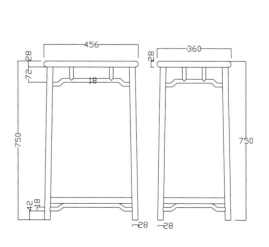

—— CAD 结构图 ——

竹 节 官 帽 椅

透视图

款式点评：

　　此椅是标准的四出头官帽椅。所谓"四出头"是指椅子的"搭脑"两端出头，左右扶手前端出头。此椅搭脑、扶手、鹅脖都为弯曲造型，座面用罗锅枨加矮老。椅子的背板处浮雕山水风景画纹，整体清新雅致，古意盎然。

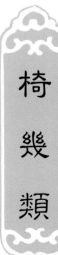

椅
幾
類

主视图

侧视图

俯视图

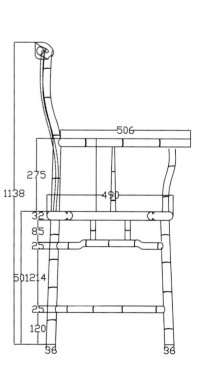

CAD 结构图

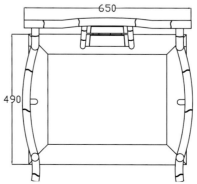

券 口 休 闲 椅

————— 透视图 —————

款式点评：

　　此椅椅背方直，扶手鹅脖曲度柔和，椅面平整，椅盘下设壶门券口牙子，简洁大方，腿间设步步高赶枨，融入了儒家积极进取的入世思想。

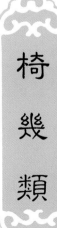

59

透视图

精雕图

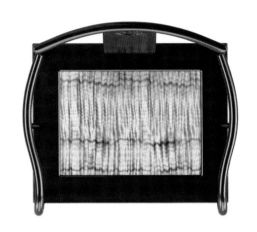

俯视图

侧视图

主视图

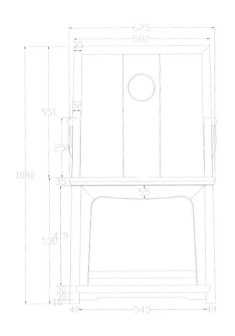
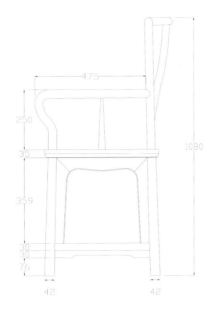
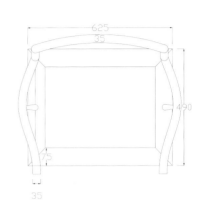

CAD 结构图

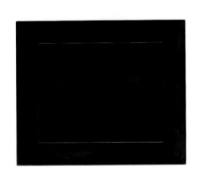

俯视图

主视图

侧视图

透视图

椅
幾
類

61

步步高靠背椅

———— 透视图 ————

款式点评:

　　此椅椅背采用攒靠背做法,分两截,上截雕刻万字纹美观大方,下部为亮脚,通透灵动。椅盘下三面壶门券口牙子,上雕刻花纹,既简洁又别致。腿间步步高赶枨,寓意仕途步步高升。

主视图

侧视图

俯视图

—— 透视图 ——

主视图

侧视图

俯视图

———— 透视图 ————

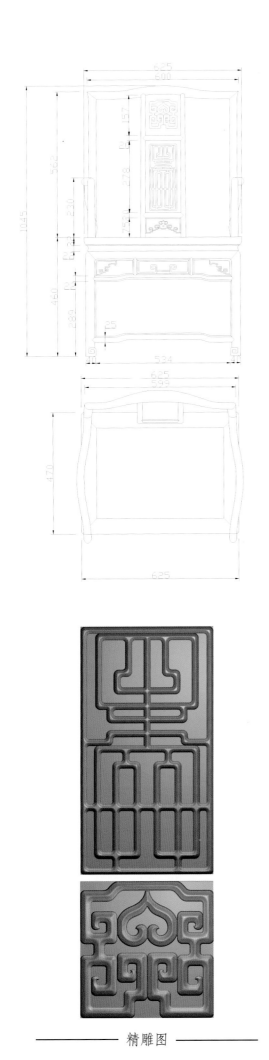

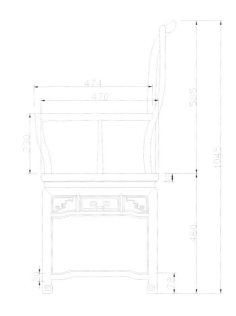

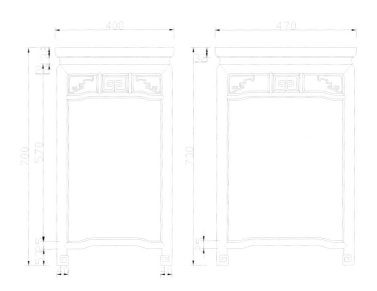

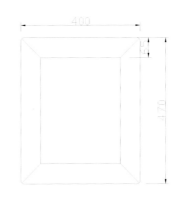

精雕图

CAD 结构图

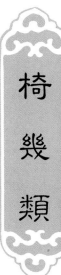

椅
幾
類

圈　　椅

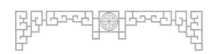

款式点评：

此此圈椅为紫檀木制，上部曲线流畅，圆润饱满；下部挺拔方正，稳健端庄。整体器型隽永耐看。

———— 透视图 ————

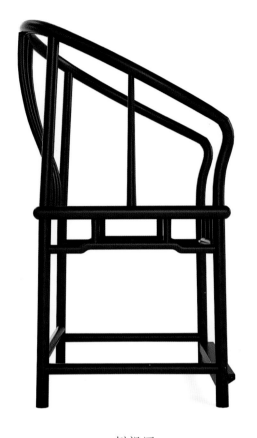

主视图 側视图

俯视图

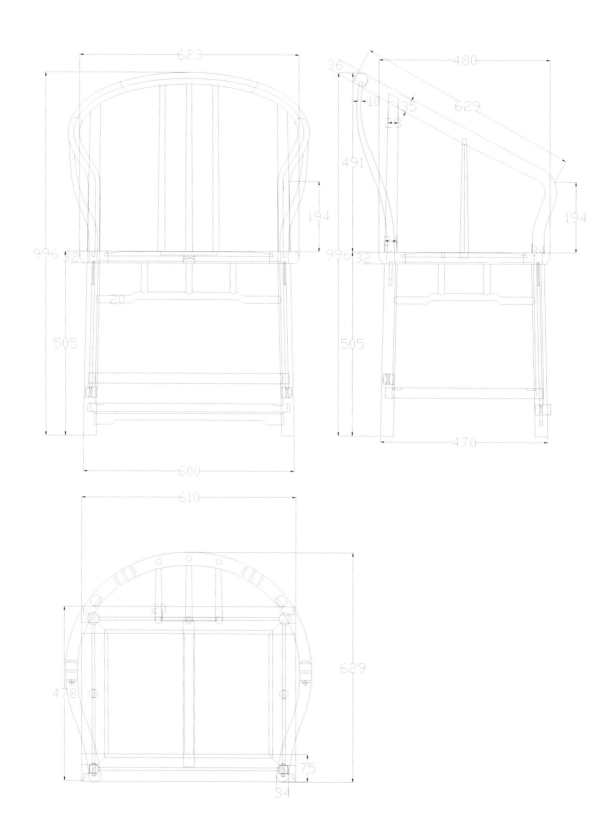

CAD 结构图

卷 书 圈 椅

———— 透视图 ————

款式点评：

　　此款圈椅由紫檀木制作，圈椅背板搭脑呈书卷状，并雕有卷草纹样，恰当点缀，精致而不失素雅。椅圈曲度柔和，牙头牙条造型优雅，圆腿直足，腿间步步高横枨。整体彰显着浓郁的书香气息，古朴典雅。

主视图

侧视图

俯视图

—— 精雕图 ——

—— 透视图 ——

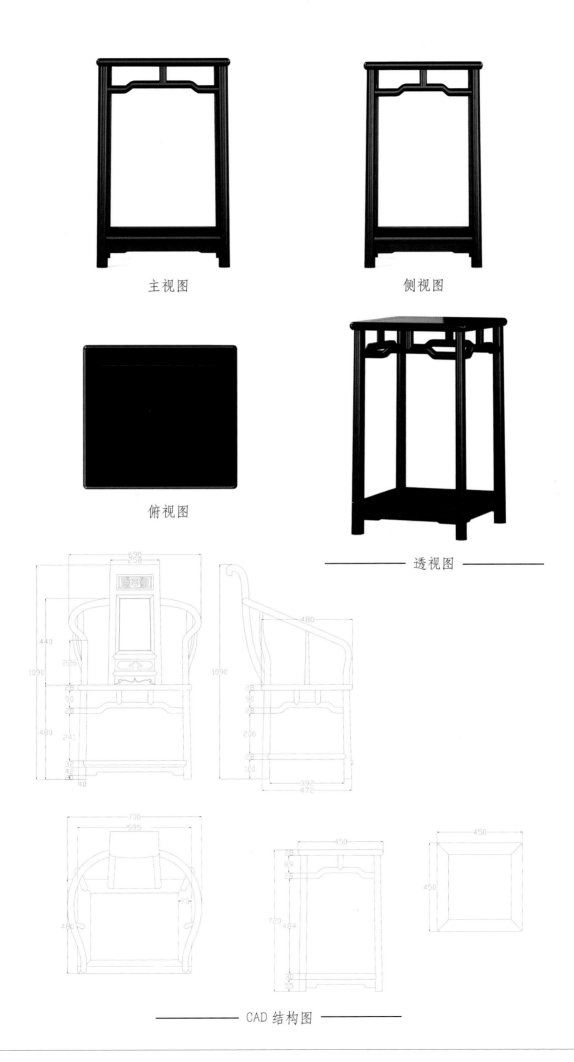

主视图   侧视图

俯视图

—— 透视图 ——

—— CAD 结构图 ——

休 闲 圈 椅

———— 透视图 ————

款式点评：

　　此款圈椅造型独特，后背板采用木条均匀排布链接，椅圈两端扶手与鹅脖处以雕花牙头相连接，四腿之间以交叉横枨相连接，使圈椅更加稳固。

主视图

侧视图

俯视图

———— 透视图 ————

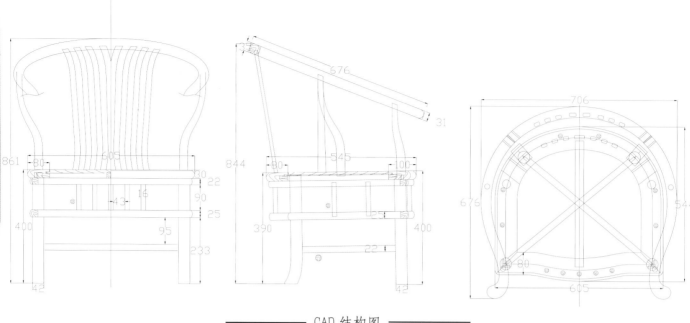

—— CAD 结构图 ——

主视图

侧视图

俯视图

—— 透视图 ——

明 式 圈 椅

———— 透视图 ————

款式点评：

　　此款圈子最为简洁大方，椅圈曲度柔和，扶手两端圆润外撇，椅面平整光滑，以枨为牙头牙条，圆腿直足，下设拖泥。

主视图

侧视图

俯视图

———— 透视图 ————

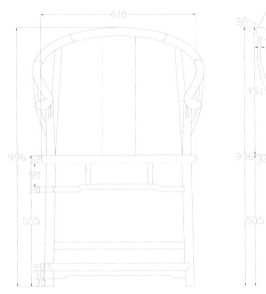
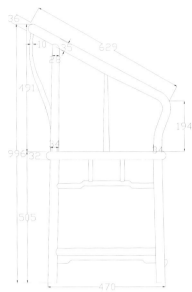

CAD 结构图

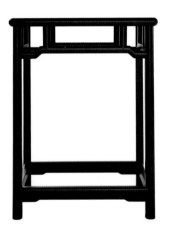

主视图

侧视图

俯视图

透视图

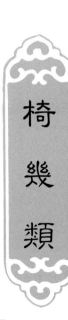

卷 书 圈 椅

———— 透视图 ————

款式点评:

　　此款圈椅搭脑为书卷造型,背板呈弧形,雕刻有富贵吉祥纹样,椅圈弧线柔和,上圆下方,做工精巧,圆腿直足,椅腿下方装有步步高赶枨。

主视图

侧视图

俯视图

—— 精雕图 ——

—— 透视图 ——

主视图

侧视图

俯视图

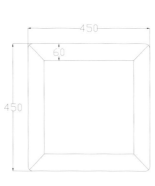

透视图

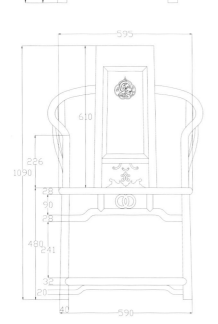

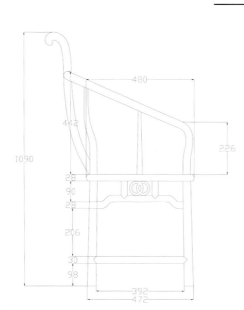

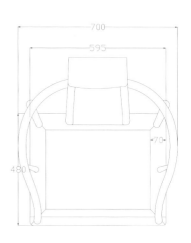

CAD 结构图

竹 节 圈 椅

—— 透视图 ——

款式点评：

　　此椅造型古朴，椅圈三弯，扶手向外延伸而出；背板呈弧形，设计更符合人体力学原理。椅背板雕刻螭龙纹样；通体上圆下方；整器做工细腻，生动灵巧，精致独到。

主视图

侧视图

俯视图

———— 精雕图 ————

———— 透视图 ————

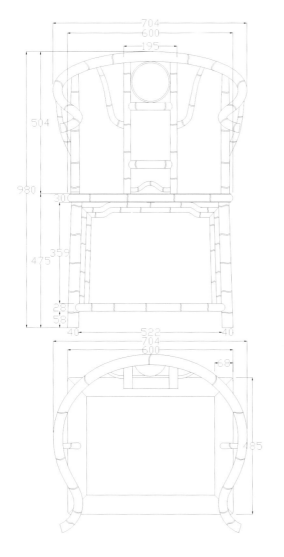
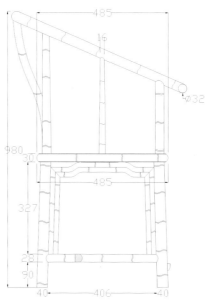
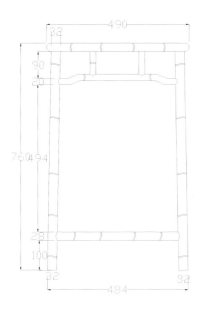
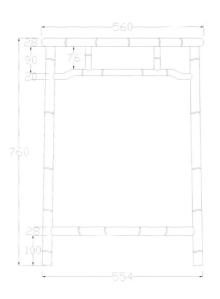

———— CAD 结构图 ————

皇宫交椅

———— 透视图 ————

款式点评：

　　此椅造型优美流畅，椅圈曲线弧度柔和自如，扶手两端饰以外撇云纹如意头，端庄凝重。后背椅板上方浮雕如意云头，透出清灵之气，两侧"鹅头枨"亭亭玉立，典雅而大气。座面以麻索制成，前足底部安置脚踏板，装饰实用两相宜。在扶手、靠背、腿足间，都配制雕刻牙子，牙子以及铜活儿上雕刻螭龙纹，在交接之处也多用铜装饰件包裹镶嵌，不仅起到坚固作用，更具有点缀美化功能。

主视图

侧视图

俯视图

———— 精雕图 ————

———— 透视图 ————

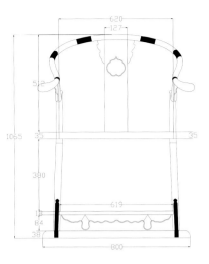
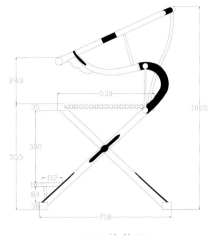
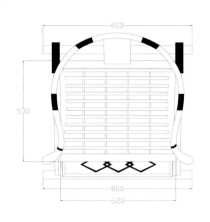

—— CAD 结构图 ——

主视图

侧视图

俯视图

—— 透视图 ——

休 闲 交 椅

款式点评：

此款交椅椅圈底矮，背椅板采用金丝楠樱木，整个靠背板造型突出，高出椅圈，成书卷状向外弯曲，座椅为交叉形，类似古代的交椅，整体简洁大方。

透视图

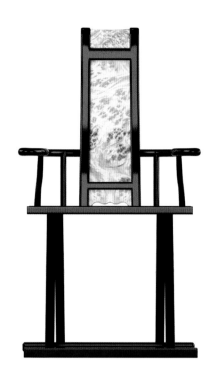

主视图

侧视图

俯视图

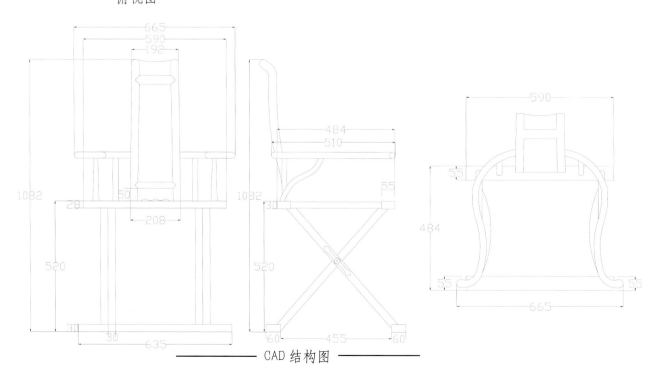

CAD 结构图

南官帽休闲椅

———— 透视图 ————

款式点评:

　　此椅搭脑和扶手都不出头，扶手中间加有一曲形联帮棍。背板呈弧形雕刻有吉祥纹样。椅背两脚以雕花牙头做装饰，座面下为弧形牙板，椅腿下方装有步步高赶枨，横枨下亦有牙条相托。

椅
几
類

主视图

侧视图

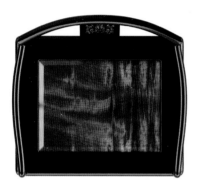

俯视图

—— 精雕图 ——

—— 透视图 ——

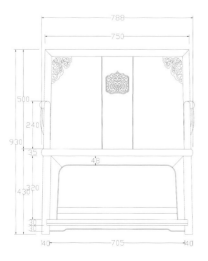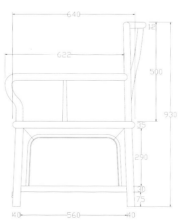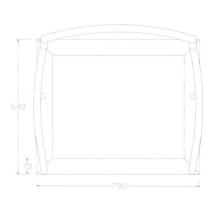

—— CAD 结构图 ——

主视图

侧视图

俯视图

———— 透视图 ————

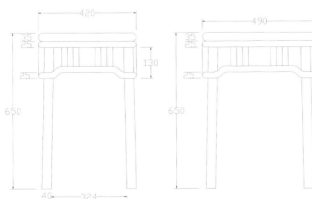

———— CAD 结构图 ————

椅
幾
類

玫瑰椅

透视图

款式点评：

　　此椅采用紫檀木制作，雕工精美，轻巧简洁，椅背方正，后背板采用透雕玫瑰花纹做装饰，象征着富贵圆满。扶手呈直角，椅面方正，牙头牙条美观自然，圆腿直足，下设拖泥。

主视图

侧视图

俯视图

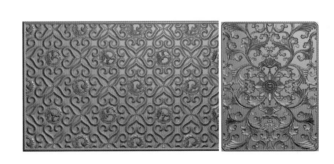

—————— 精雕图 ——————

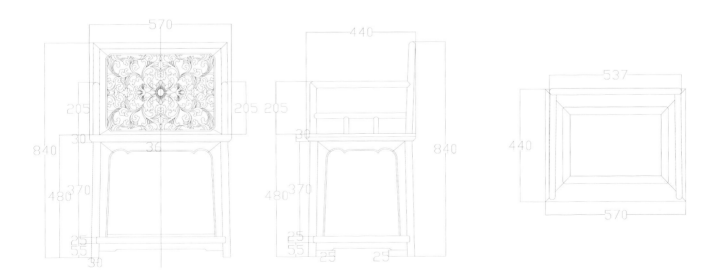

—————— CAD 结构图 ——————

束 腰 玫 瑰 椅

—— 透视图 ——

款式点评：

　　此款椅子小巧精致，椅背和扶手以内枨回字纹作为装饰，椅面平
整下设束腰，四腿圆至，以枨做牙条牙头相连，下设拖泥。

主视图

侧视图

俯视图

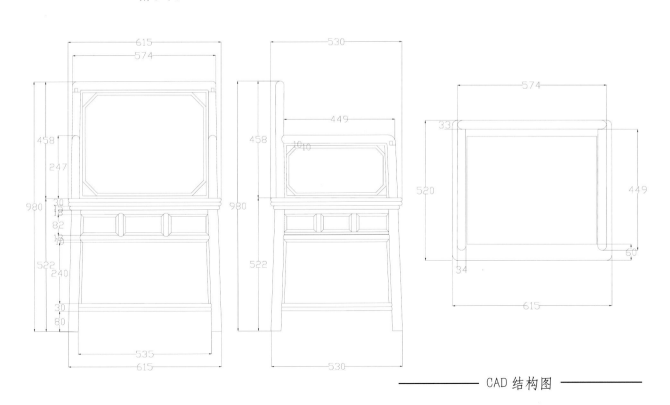

CAD 结构图

玫　瑰　椅　01

——— 透视图 ———

款式点评：

　　此款座椅整体方正，椅背与扶手均为细圆木做玫瑰花纹装饰支撑，

椅面古朴平整，牙条牙头简洁大方，圆腿直足，下设拖泥。

96

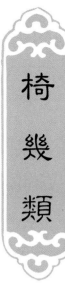

主视图

侧视图

俯视图

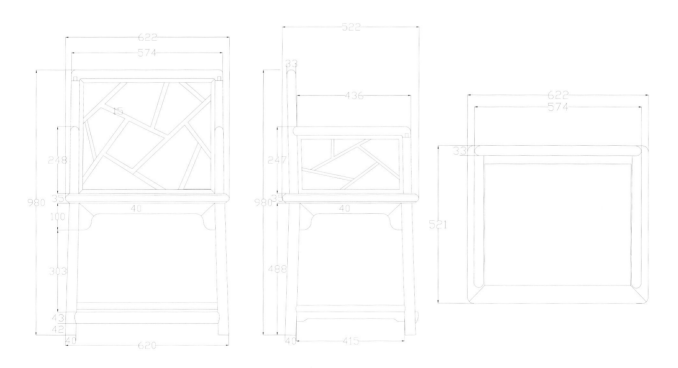

———— CAD 结构图 ————

———— 透视图 ————

款式点评:

　　此款座椅椅背无后背板,椅背、扶手均以雕花牙板作为装饰,下设罗锅枨作为链接,椅面光滑平整,牙条牙头均雕刻花纹藤草,圆腿直足,下设拖泥。此款椅子轻巧简洁,美观大方。

主视图

侧视图

俯视图

————— 精雕图 —————

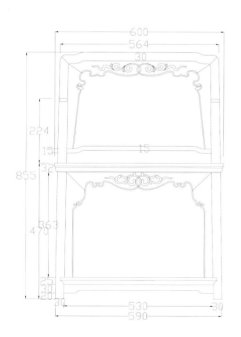

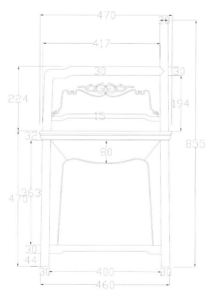

————— CAD 结构图 —————

——— 透视图 ———

款式点评：

　　此款宝座以花鸟风景作为椅背和扶手的内部装饰，椅背和扶手边框、四腿均采用回字纹作为装饰，椅面平整光滑，设高束腰，方腿短粗，脚为马蹄形，下设拖泥，拖泥下承拖泥足。此款座椅厚重中彰显精细雕工，富贵中更添书香。

主视图

侧视图

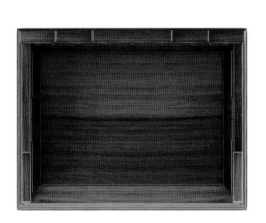

俯视图

—— 精雕图 ——

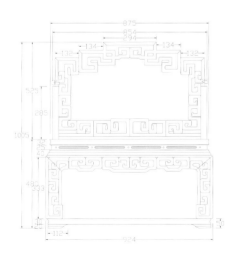

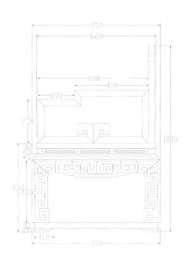

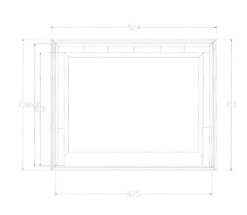

—— CAD 结构图 ——

———— 透视图 ————

款式点评：

　　此款宝座厚重大气，椅背和扶手均采用风景浮雕，后背板整面浮雕山水楼台，给人以身临其境之感。两侧凸起部分以万字纹作为装饰，椅面宽大平整，设高束腰，方腿短粗，脚为内卷万字纹，下设拖泥，拖泥下承拖泥足。

主视图

侧视图

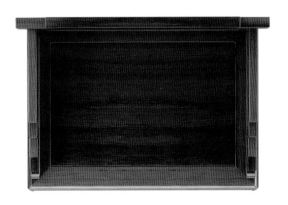

俯视图

—— 精雕图 ——

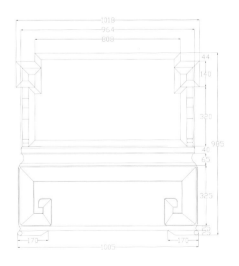 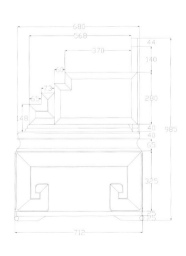 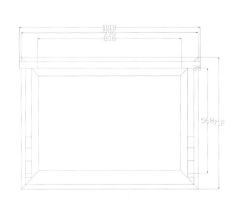

—— CAD 结构图 ——

休 闲 宝 座

—— 透视图 ——

款式点评：

此款宝座整体方正，后背和扶手平直，内部均已如意作为装饰纹样，椅面平整光滑，椅面下设束腰，彭牙方腿，下设拖泥，四脚内翻呈马蹄形。此款座椅大气实用，质朴之中更显尊贵气质。

主视图

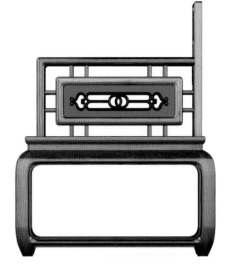

侧视图

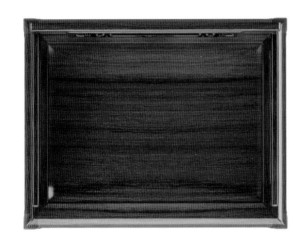

俯视图

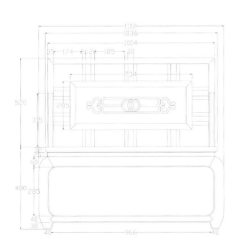
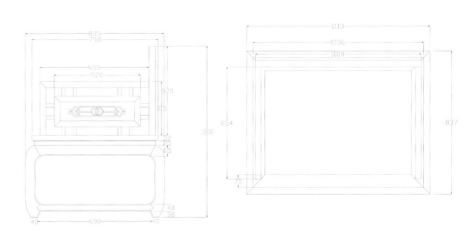

CAD 结构图

福 庆 宝 座

———— 透视图 ————

款式点评:

此椅搭脑、后背板平直,浮雕有吉祥纹样,后背边框,扶手边框底座下牙板均以万字纹装饰,束腰,足脚有雕刻纹样,四足内翻,下设拖泥,此宝座造型优雅,美观实用,象征着多才多福。

主视图

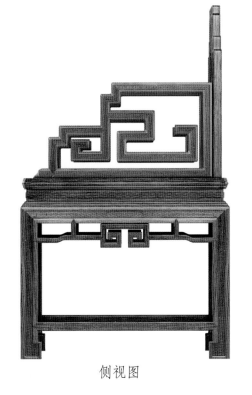

侧视图

俯视图

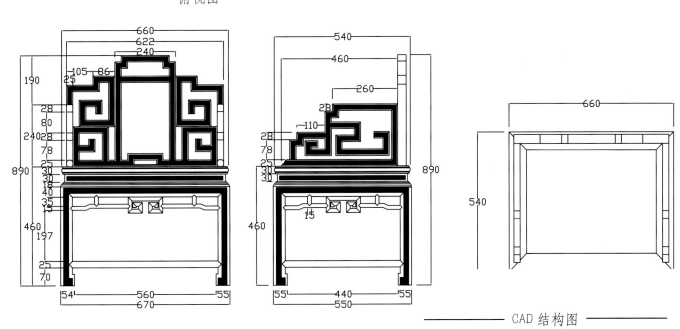

CAD 结构图

花 鸟 靠 背 椅

———— 透视图 ————

款式点评:

此椅造型古朴优美,靠背板符合人体生理弯曲,并以雕刻花鸟纹样作为装饰,扶手鹅脖曲线圆滑自然,椅面平整,牙条,牙头采用万字纹装饰,下设拖泥,腿下装步步高赶枨。

主视图

侧视图

俯视图

透视图

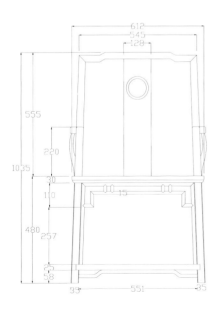

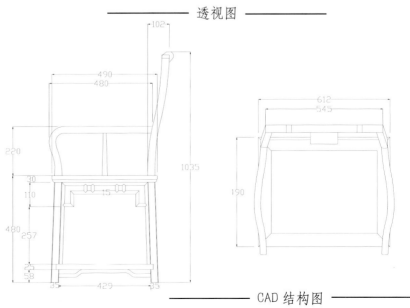

CAD 结构图

主视图

侧视图

俯视图

—— 精雕图 ——

—— 透视图 ——

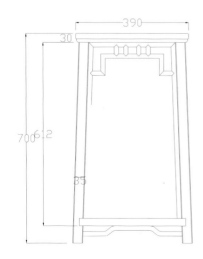

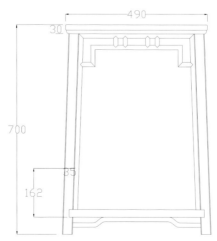

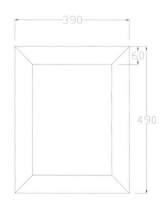

—— CAD 结构图 ——

110

福纹浮雕靠背椅

—— 透视图 ——

款式点评：

　　此椅搭脑处为卷书形，靠背板处浮雕福纹与吉祥纹式，背板边框与扶手边框施以万字纹作为装饰。座面平整光滑，座板下细圆木围成的万字纹牙头牙条造型优美，方腿直足，腿下装步步高赶枨。

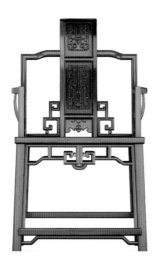

主视图

侧视图

俯视图

透视图

精雕图

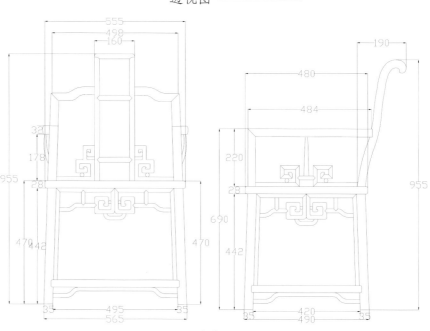

CAD 结构图

主视图

侧视图

俯视图

———— 透视图 ————

———— CAD 结构图 ————

椅几类

梳 背 休 闲 椅

———— 透视图 ————

款式点评：

　　此椅靠背边框与扶手边框均为圆木，靠背板、扶手采用细圆木均匀分布排列，靠背与扶手内有镂空如意雕刻作为链接，椅面光素，座板下细圆木围成的万字纹牙头牙条造型独特，圆腿直足，腿下设拖泥。

主视图

侧视图

俯视图

—— 透视图 ——

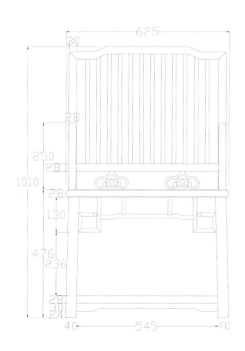

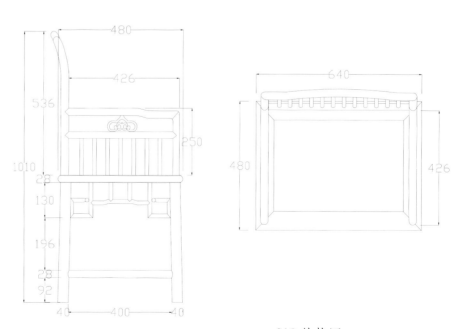

—— CAD 结构图 ——

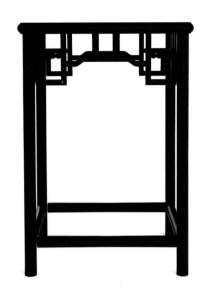

主视图

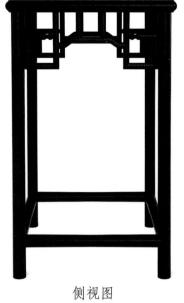

侧视图

俯视图

透视图

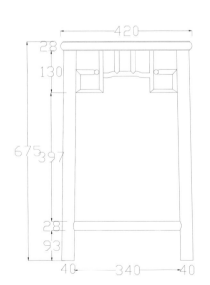

CAD 结构图

禅 意 靠 背 椅

———— 透视图 ————

款式点评：

此休闲椅造型独特，简单大方，椅背扶手高度一致，采用圆木连接，椅面平整，下有券口牙子作为连接，圆腿直足，下游挡板相连，前腿设踏脚凳，凳面呈长方形，下设拖泥。

主视图

侧视图

俯视图

——————— 透视图 ———————

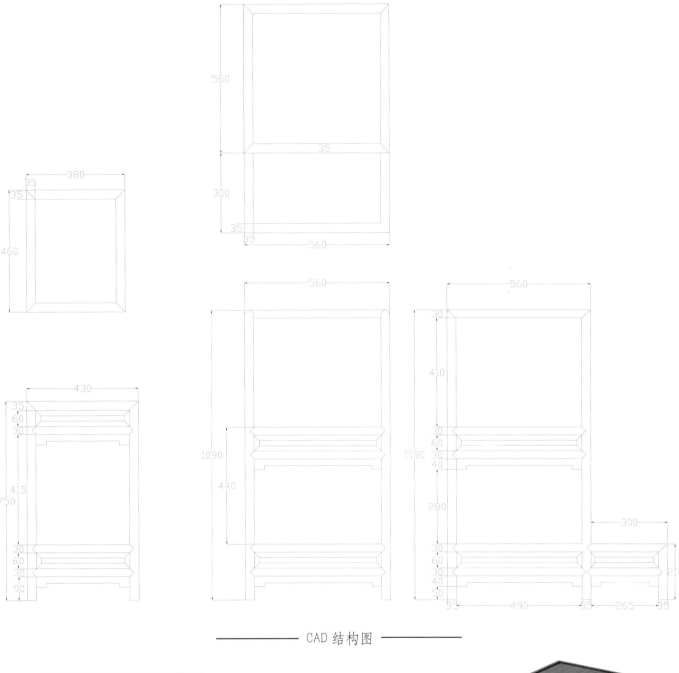

CAD 结构图

主视图

俯视图

透视图

椅
幾
類

福 庆 休 闲 椅

———— 透视图 ————

款式点评：

　　此椅搭脑处为卷书形，靠背板处浮雕福纹与吉祥纹式，背板边框
与扶手边框施以铜钱作为装饰。座面下束腰，方腿直足下设拖泥，
四足为内翻式如意祥云。座椅整体古朴大气，充满书香气息。

主视图

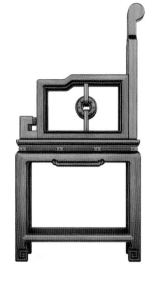

侧视图

俯视图

———— 透视图 ————

 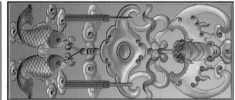 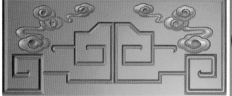 

———— 精雕图 ————

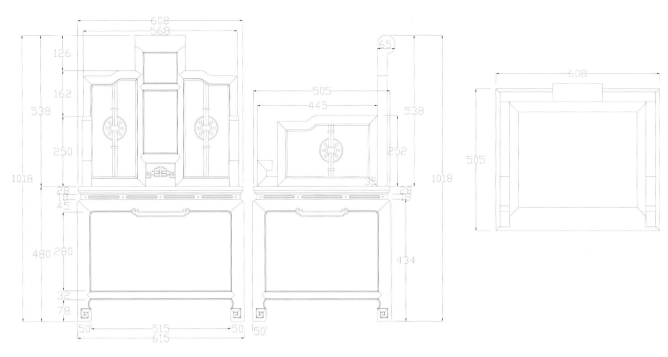

———— CAD 结构图 ————

主视图　　　　　　　　侧视图

俯视图

———— 透视图 ————　　　———— CAD 结构图 ————

春 椅

透视图

款式点评：

此款椅椅背倾斜角度较大，搭脑为圆柱形凸起，扶手设为高低两层，鹅脖、镰刀把弯曲有度，弧线自然优美，椅面平整宽阔，牙条造型美观，方腿直足，下设拖泥。椅前设踢脚凳，凳面呈长方形，四腿间有雕花牙板，造型古朴美观。

椅几类

主视图

侧视图

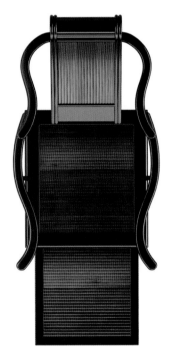

俯视图

——— 精雕图 ———

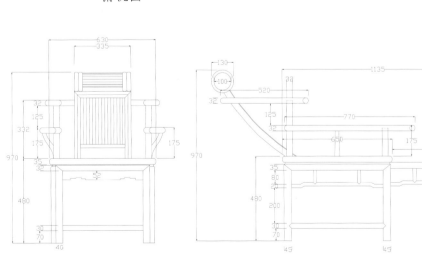

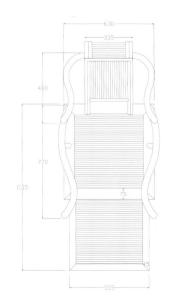

——— CAD 结构图 ———

124

摇　　　　椅

———— 透视图 ————

款式点评：

　　此椅搭脑、扶手、鹅脖都为弯曲造型，座面以下用牙条相连。四腿与曲线型底座相连，底座前端设脚踏板。摇椅整体清新雅致，古意盎然。

主视图

侧视图

俯视图

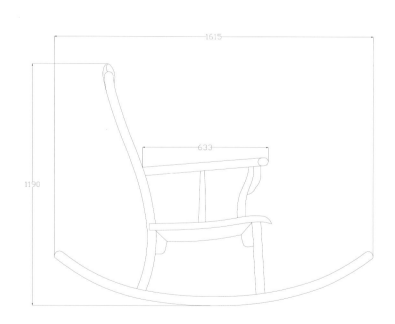

———— CAD 结构图 ————

新古典休闲椅

———— 透视图 ————

款式点评：

　　此款休闲椅椅背宽厚，椅背上弧线形搭脑造型独特，扶手连接鹅脖曲线自然优美，座面下四腿浑然一体，四脚连接拖泥。休闲椅整体符合人体生理结构，造型美观大方，别具一格。

主视图

侧视图

俯视图

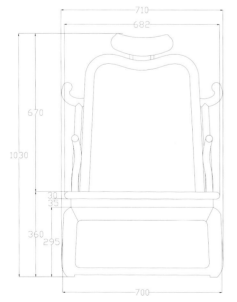

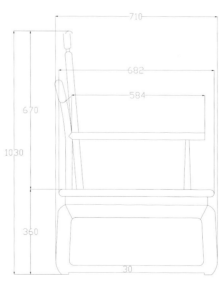

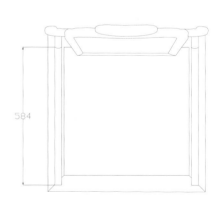

—— CAD 结构图 ——

龙 凤 吉 祥 椅

———— 透视图 ————

款式点评：

此款椅子造型方正，靠背中心雕刻有龙凤呈祥纹样，象征着富贵吉祥，花边式扶手简短，内外均雕有圆形纹样，椅面光滑平整牙条简洁，方腿内翻马蹄足，腿间有曲线型横枨。

主视图

侧视图

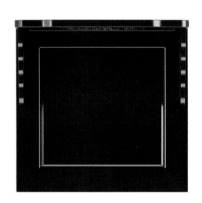

俯视图

精雕图

透视图

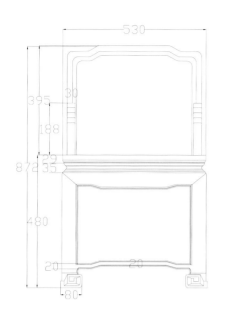
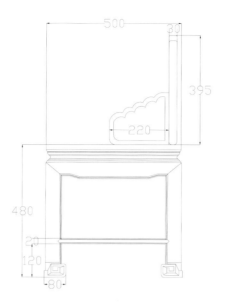
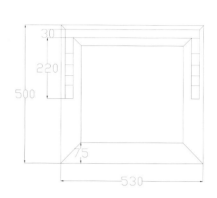

———— CAD 结构图 ————

主视图   侧视图

俯视图

———— 透视图 ————

椅
幾
類

梳条椅

———— 透视图 ————

款式点评：

此椅靠背边框与扶手边框均为圆木，靠背板采用12条圆木均匀分布，扶手同样以圆木均匀排布作为支撑，椅面光素，座板下细圆木围成的牙头牙条平直造型独特，腿下装步步高赶枨。

主视图

侧视图

俯视图

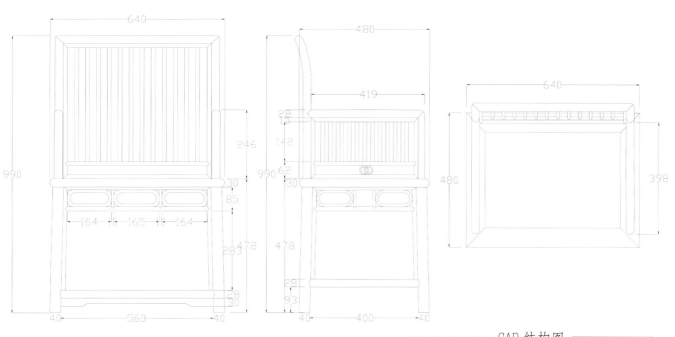

——— 透视图 ———

款式点评：

　　此款供几造型精巧美观，几面平滑，牙板透雕卷叶草纹样，方腿直足，两前腿与两后腿间设雕花拱形横枨，两侧腿间设双横枨。此款供几象征着生生不息，子孙绵延。

主视图

侧视图

俯视图

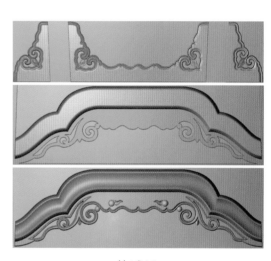

—— 精雕图 ——

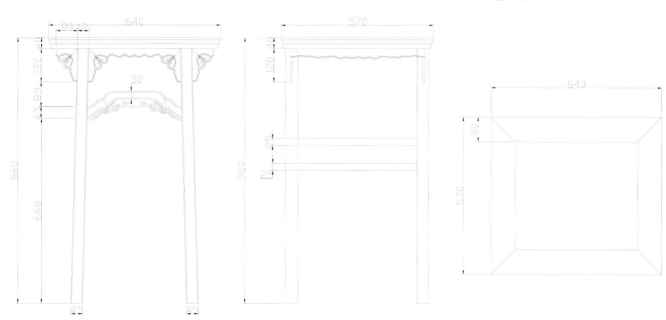

—— CAD 结构图 ——

高　花　几

款式点评：

此几呈方形，几面光素，面下束腰简洁。几腿中雕有回纹做牙板，方腿直足，下部有横枨，横枨曲线流畅，脚为内翻马蹄形。整个花几造型方正，意趣盎然。

—— 透视图 ——

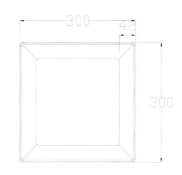

CAD 结构图

主视图

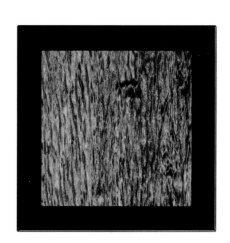

俯视图

精雕图

内 翻 马 蹄 花 几

款式点评：

此款花几几面方正平滑，几面下设束腰，方腿高直，四脚为内翻马蹄式，此款花几简洁而古朴，美观而大方。

————— 透视图 —————

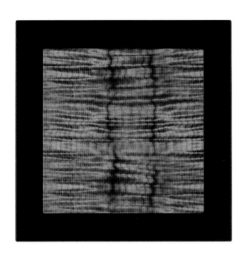

俯视图

主视图

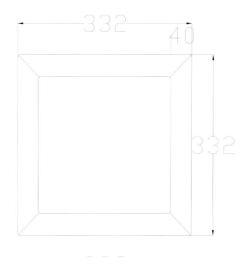

CAD 结构图

长 方 花 几

———— 透视图 ————

款式点评：
此款几呈长方形，几面采用金丝楠木制作而成，牙板雕刻祥云图文，方腿连接万字纹托泥板，马蹄形四脚，此款花几寓意吉祥，古朴美观。

主视图

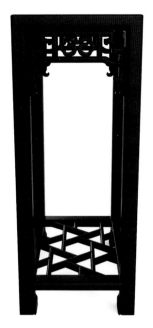

侧视图

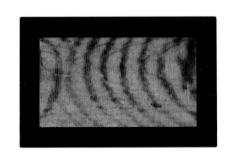

俯视图

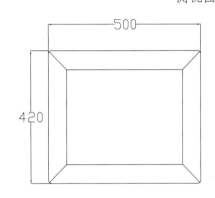

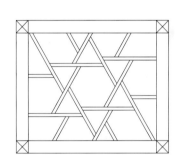

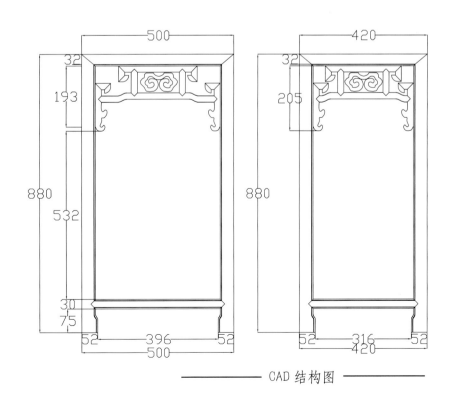

—— CAD 结构图 ——

六 角 花 几

款式点评：

香几呈六角圆形，面下高束腰，束腰镂雕花纹。牙板透雕象征生生不息、绵绵不绝的卷草纹。三弯腿，脚处作卷云纹装饰。

几腿下方以圆形立柱装饰接托泥，托泥下设龟足。整个家具款式古典，线条舒展，古趣盎然。

透视图

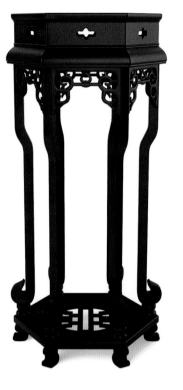

主视图

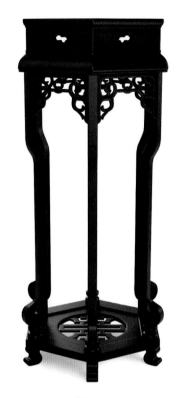

侧视图

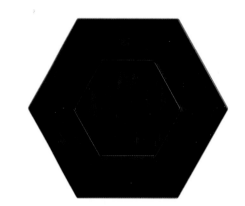

俯视图

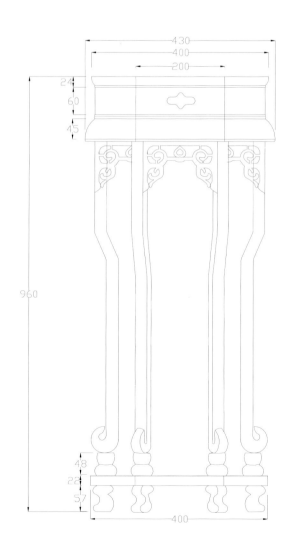

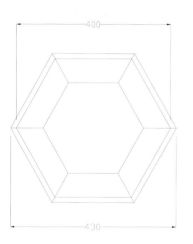

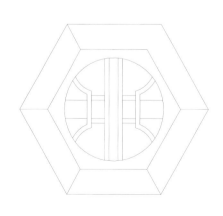

CAD 结构图

圆　花　几

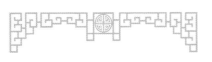

款式点评：

此款花几几面呈圆形，几面下高束腰，中镂空，六腿中空，四脚连接铜钱型拖泥，拖泥下设铜钱状四脚，此款花几以铜钱为主要纹样，预示着富贵吉祥。

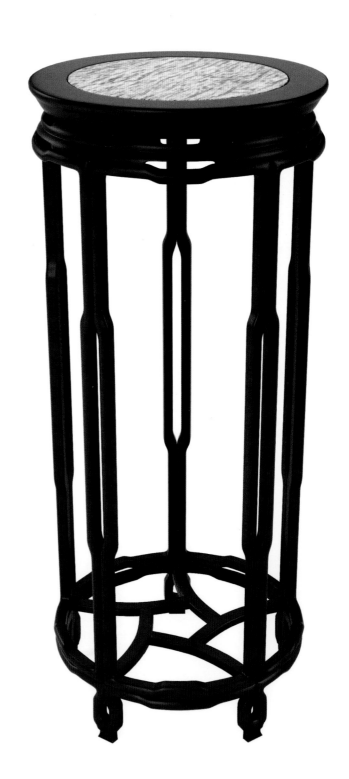

——— 透视图 ———

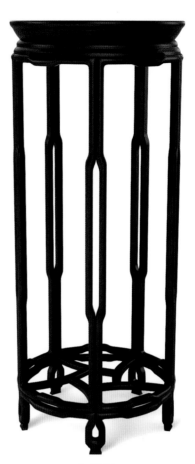

俯视图

主视图

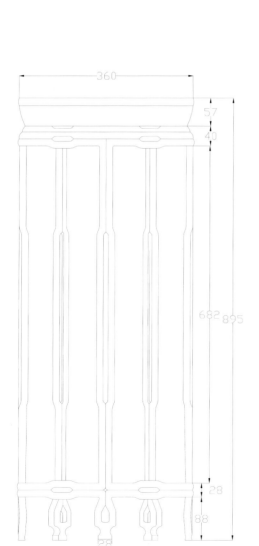

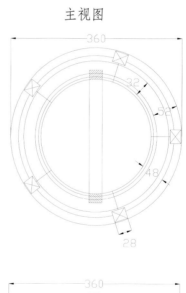

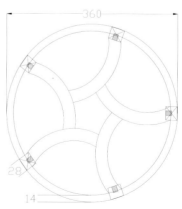

CAD 结构图

透雕回字纹花几

款式点评：

此款花几几面平滑，束腰雕刻如意纹样，壶门式轮廓透雕回字纹，中间为吉祥铜钱状，回字纹四脚连接横杆做为拖泥。此款造型精美，象征吉祥。

透视图

主视图

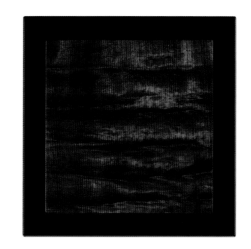

俯视图

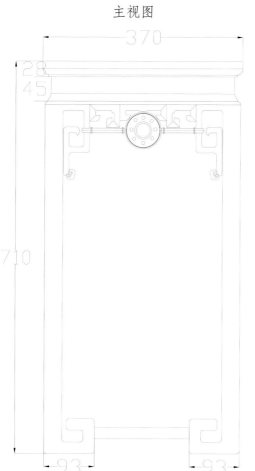

370

28
45

710

93   93

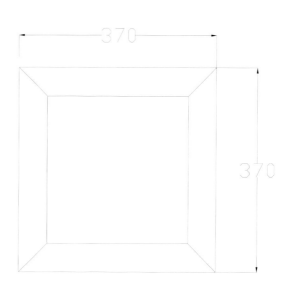

370

370

CAD 结构图

精雕图

半 圆 花 案

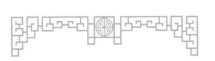

款式点评：

此款花案案面为半圆形，嵌金丝楠水波纹制成，束腰下设四个抽屉，搭配铜锁环，圆腿马蹄脚，下设回字格样托泥板，可放置物品。

———— 透视图 ————

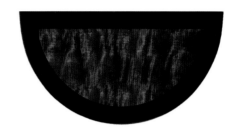

俯视图

主视图　　　　　　　　　　　　侧视图

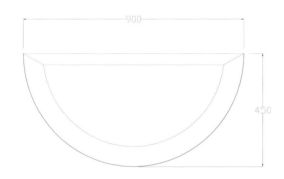

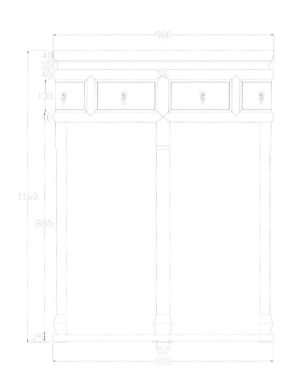
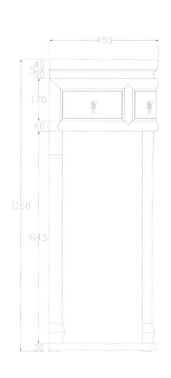

———— CAD 结构图 ————

竹节花几

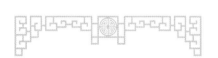

透视图

款式点评：

此款花几几面采用金丝楠水波纹材质，竹节状圆腿直脚，牙板造型为罗锅枨加矮老，内有霸王枨相托。四脚以罗锅枨相连接。

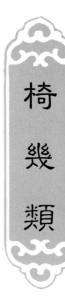

主视图

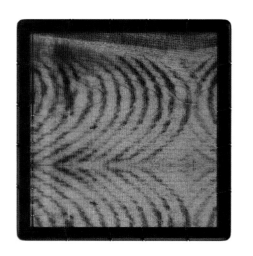

俯视图

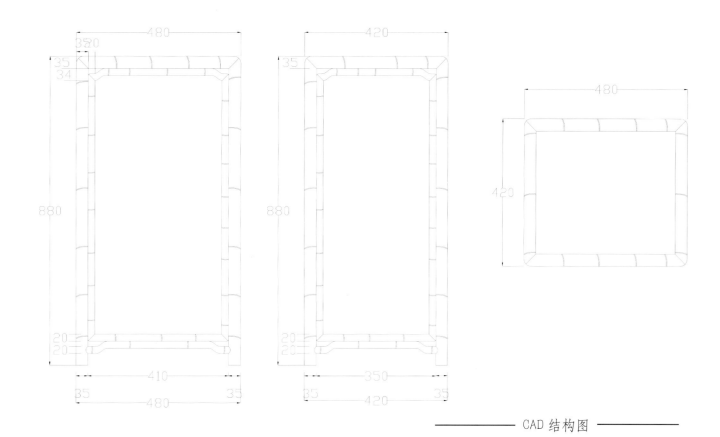

CAD 结构图

高　花　几

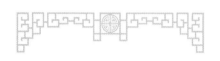

款式点评：

此款花几方腿高直，四脚为如意祥云头样，几面平整，束腰简洁，下设拖泥，拖泥下承拖泥脚。

───── 透视图 ─────

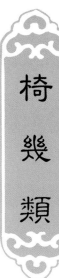

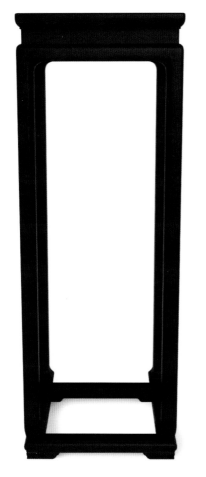

主视图

俯视图

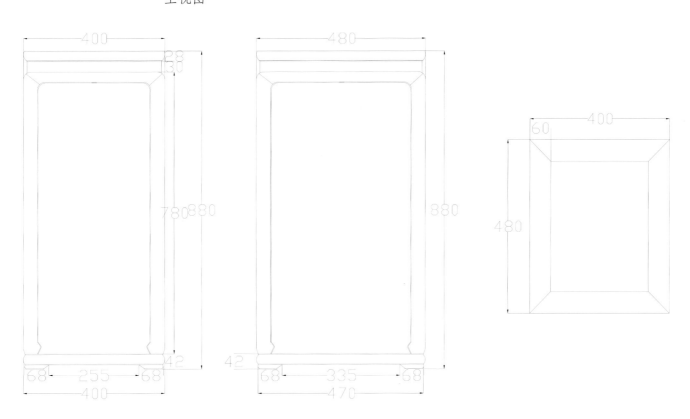

CAD 结构图

153

长 方 花 案

——— 透视图 ———

款式点评：

此款花案案面两端有翘头，案面平整，束腰简朴，牙板造型为罗锅枨，方腿四足为如意云头，下设拖泥，拖泥下承拖泥脚。

主视图

侧视图

俯视图

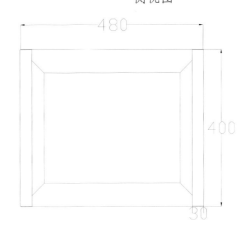

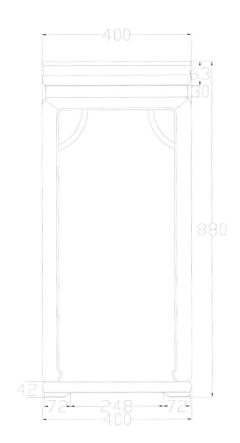

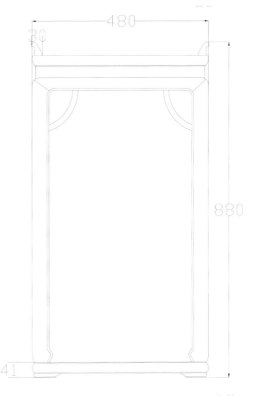

CAD 结构图

长 方 花 几

——— 透视图 ———

款式点评：

此款花几简洁大方，几面光滑平整，几面与四腿浑然一体，牙板造型为罗锅枨，方腿，马蹄形四脚，下设托泥。

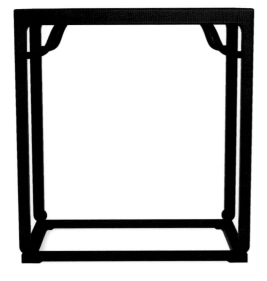

主视图

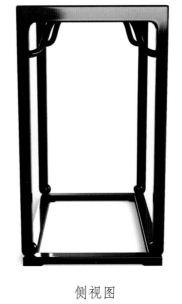

侧视图

俯视图

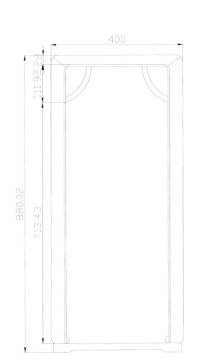

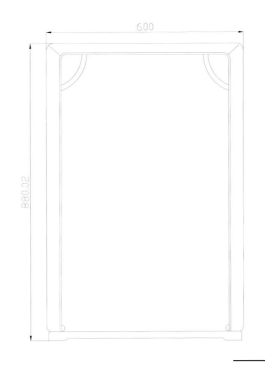

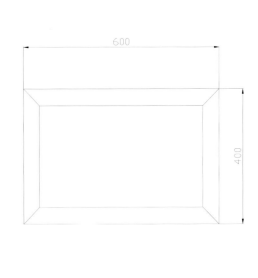

—— CAD 结构图 ——

回字纹花几

———— 透视图 ————

款式点评：

此款花几的主要特色是壸门式轮廓回字纹透雕和腿足端雕饰以回纹马蹄图案，几面采用金丝楠樱木，回字纹四脚下设托泥，托泥板下承拖泥脚。此款花几凸显着民族文化精髓。

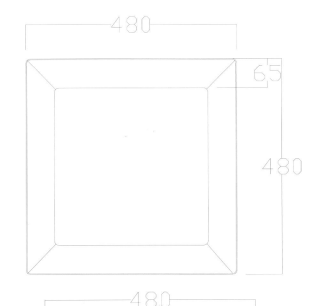

俯视图

CAD 结构图

主视图

精雕图

—— 透视图 ——

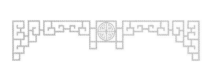

款式点评：

此花案外形方正，案面平整光滑，牙条、束腰、壶门式轮廓上雕刻回字纹。方腿四脚内勾做如意祥云头，下设拖泥，拖泥下承拖泥脚。此款花案简洁中凸显出古朴美。

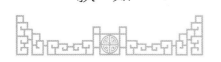

—— 精雕图 ——

主视图

侧视图

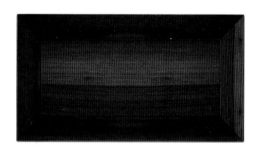

俯视图

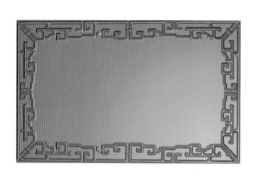

———— 精雕图 ————

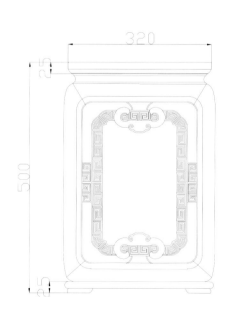

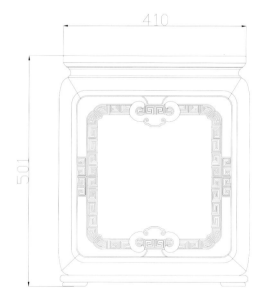

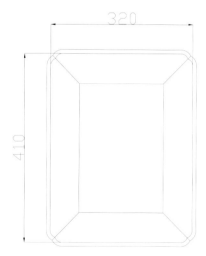

———— CAD 结构图 ————

如意花几

——— 透视图 ———

款式点评：

此花几几面方正，束腰采取镂空样式，束腰彭牙，壶门式轮廓上均精雕花纹样式，四腿形似如意外翻，下设拖泥，拖泥下承拖泥脚。造型古朴精致，象征着富贵吉祥。

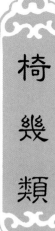

椅
幾
類

俯视图

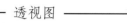

透视图

主视图

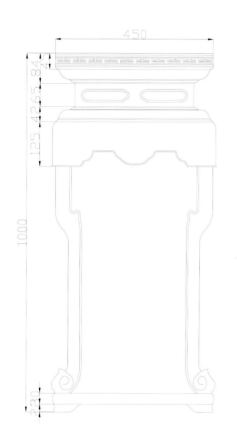

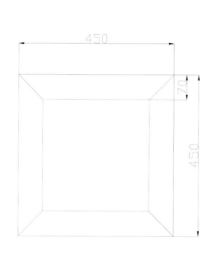

CAD 结构图

精雕图

163

长 方 花 案

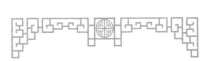

款式点评：

此花案案面方正，案面雕刻花纹图样，高束腰雕刻藤草花样，壶门式轮廓上雕刻花藤纹样，雕工精巧，美观大方，四腿向内弯曲，四脚外扬，下设托板，底托外牙雕刻花藤图样，四脚灵巧。

———— 透视图 ————

主视图

侧视图

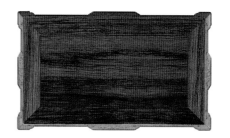

俯视图

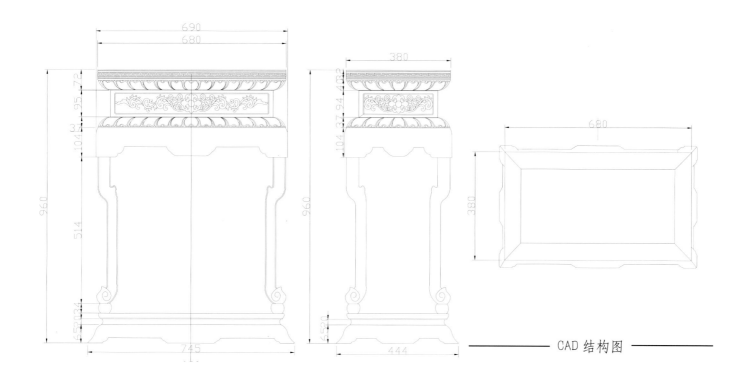

CAD 结构图

精雕图

圆 古 花 几

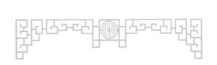

款式点评：

此花几造型古朴美观，几面呈圆形，几面中雕有环形阳线，高束腰雕刻有花样纹路，彭牙雕刻藤草花纹，三弯腿腿脚向外扬起，环形高托泥下承托泥脚。

———————— 透视图 ————————

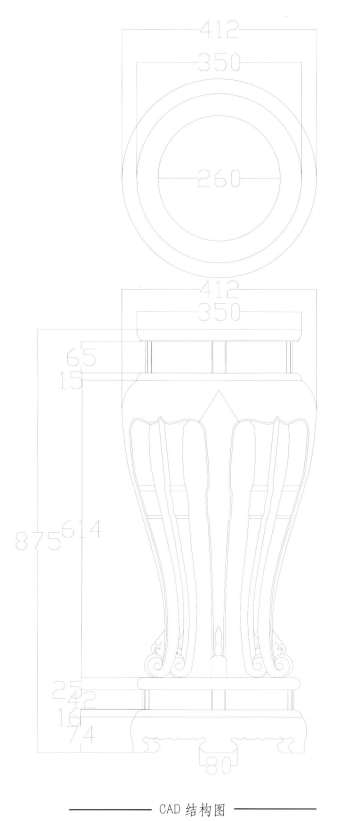

412
350
260
412
350
65
15
875 614
25
42
10
74
80

—————— CAD 结构图 ——————

俯视图

主视图

椅
幾
類

透视图

款式点评：

此款凳子凳面呈方形，中间采用金丝楠水波纹，牙板造型为罗锅枨加矮老的变体，中间为口字形，造型古朴。四腿为圆棍形，腿脚处以罗锅枨相托，稳定简洁。

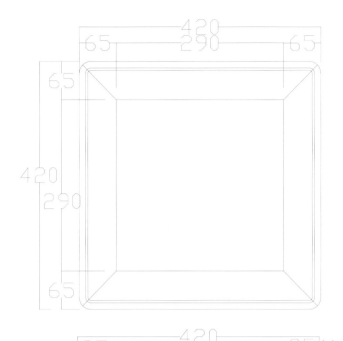

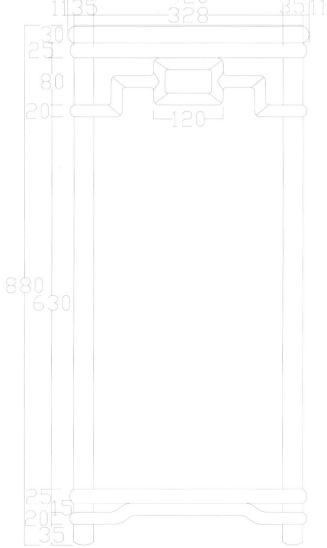

CAD 结构图

俯视图

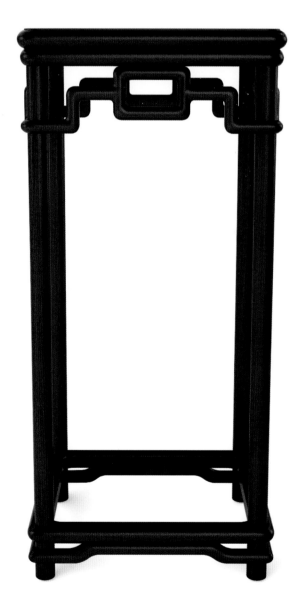
主视图

椅
幾
類

梅花凳

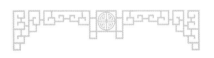

款式点评：

梅花凳美观古朴，凳面成五角状，平整光滑，牙子雕刻有梅花纹路，凳腿呈莲藕状，由环形托泥相连接。

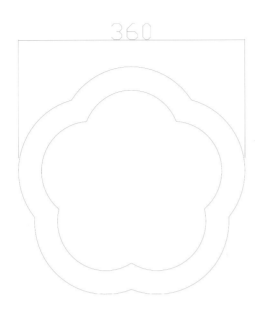

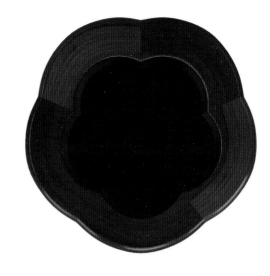

俯视图

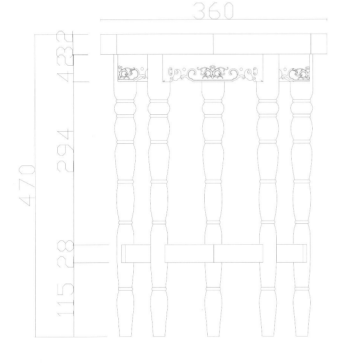

—————— CAD 结构图 ——————

主视图

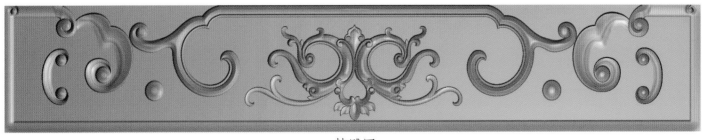

—————— 精雕图 ——————

圆 凳

款式点评：

此圆凳为金丝楠木制作，凳面呈圆形，凳面中雕有环形阳线。凳面下高束腰，彭牙鼓腿，几脚内卷翻。几脚以下连接环形托泥，下承托泥脚。整器小巧灵便，端庄秀气。

———— 透视图 ————

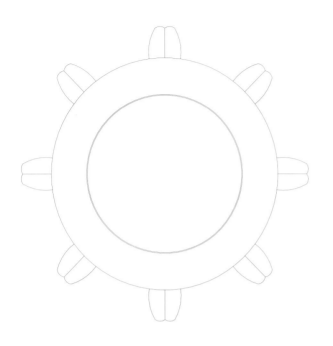

俯视图

—————— CAD 结构图 ——————

主视图

长　　方　　凳

———— 透视图 ————

款式点评：

　　此款凳子简单轻便，造型成长方体，凳面平整，雕有环形阳线，圆腿直足，四脚链接托泥，四腿与托泥、凳面之间以角牙做支托。

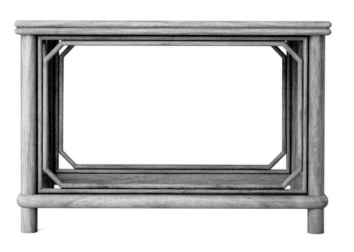

主视图

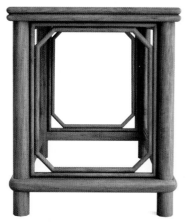

侧视图

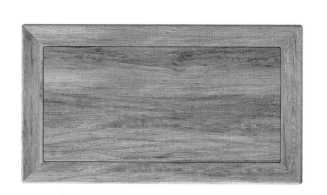

俯视图

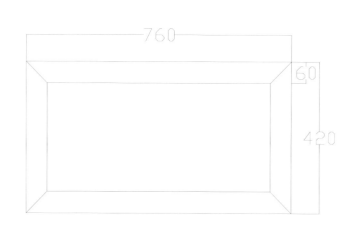

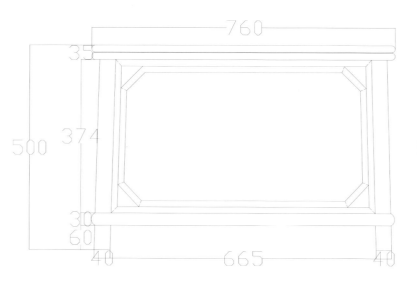

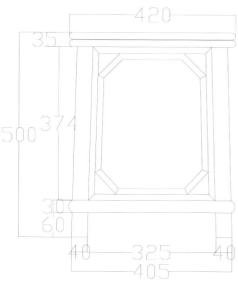

—————— CAD 结构图 ——————

彭 鼓 凳

———— 透视图 ————

款式点评：

　　此款凳子凳面与腿浑然一提，圆形凳面下彭牙鼓腿，形如南瓜，几脚外卷翻，整体厚重敦实。

俯视图

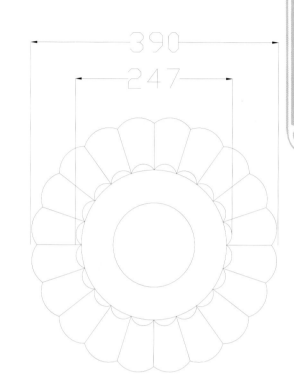

主视图

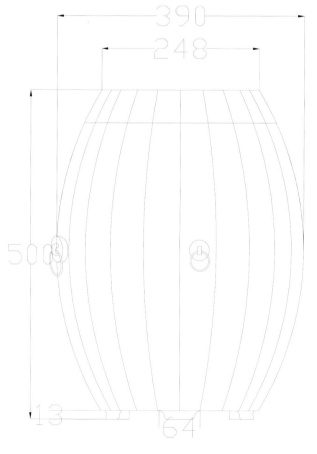

CAD 结构图

 彭 鼓 凳

——— 透视图 ———

款式点评：

　　此款凳子外形犹如战鼓形状，圆形凳面，凳面下彭牙鼓腿，几脚以下连接环形托泥，下承托泥脚。

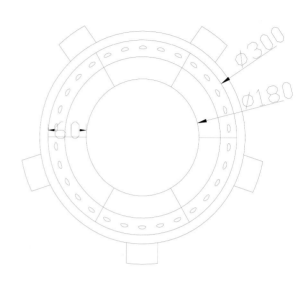

俯视图

主视图

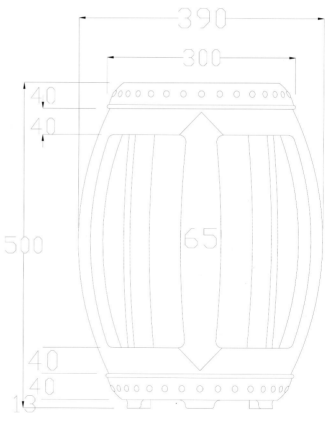

CAD 结构图

—— 透视图 ——

款式点评:

　　此款方凳整体方正，案面方正光素，腿足方直做回纹状，足间回形横枨相连接。椅腿下有托泥，托泥下有托泥脚。整体显着稳健大气而典雅。

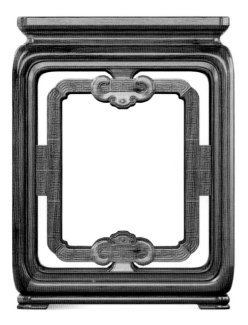

主视图

侧视图

俯视图

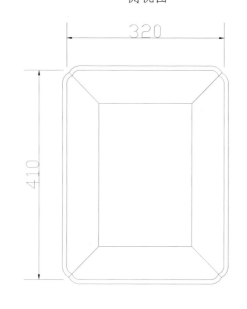

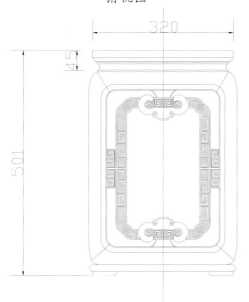

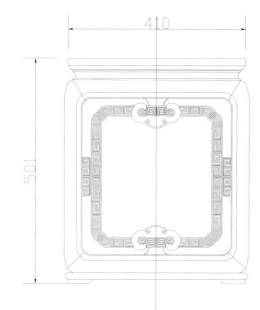

—— CAD 结构图 ——

——— 透视图 ———

款式点评：

　　此花架做工精致，上下版面均有浮雕花纹，支柱上下一木连做均有浮雕花纹，四柱之间使用四大块角牙，角牙浮雕花纹，加强了装饰效果。四足马蹄浮雕手法精巧别致。这种做法坚实而合理美观大方。

主视图　　　　　　　　　　　侧视图　　　　　　　　　　　俯视图

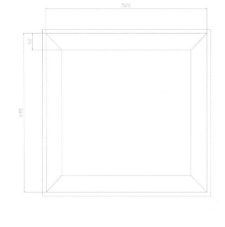

———— CAD 结构图 ————

———— 精雕图 ————

红楼梦宝座

———— 透视图 ————

款式点评：

　　此宝座满身雕饰，宝座扶手边框、后背边框、靠背板、
座面下束腰、牙板、腿足均浮雕红楼梦插图纹样，雕刻精美，
显得十分华贵。椅腿下有托泥，托泥下有托泥脚。整器造
型优雅，美观实用。

主视图

侧视图

俯视图

—— 精雕图 ——

红楼梦宝座

——— 透视图 ———

款式点评：

　　此宝座满身雕饰，宝座扶手边框、后背边框、靠背板、座面下束腰、牙板、腿足均浮雕红楼梦插图纹样，雕刻精美，显得十分华贵。椅座下面为墩形，浮雕人物风景，整体华丽美观。

主视图

侧视图

俯视图

金 阳 龙 宝 座

透视图

款式点评：

　　此宝座满身雕饰龙纹，宝座扶手板、后背板、牙板等均浮雕龙纹，雕刻精美，带着祥瑞之气。座面下有束腰，束腰浮雕花纹，鼓腿彭牙，椅腿下有托泥，托泥下有托泥脚。整器造型优雅，美观实用。

主视图

侧视图

俯视图

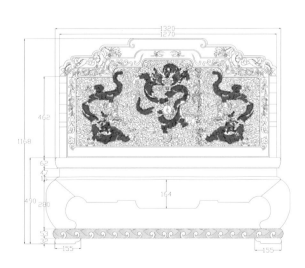

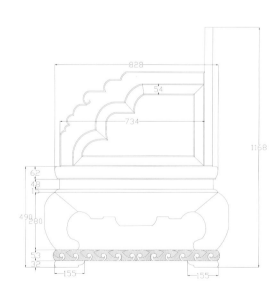

———— CAD 结构图 ————

精雕图

西 潘 莲 椅

———— 透视图 ————

款式点评：

此椅搭脑作西番莲形，扶手边框、后背边框、靠背板、座面下束腰、牙板、腿足均浮雕西番莲纹样，雕刻精美，显得十分华贵。椅腿下有托泥，托泥下有托泥脚。整器造型优雅，美观实用。

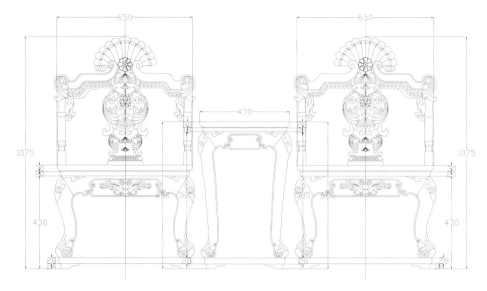

CAD 结构图

主视图

侧视图

俯视图

CAD 结构图

透视图

主视图

侧视图

俯视图

透视图

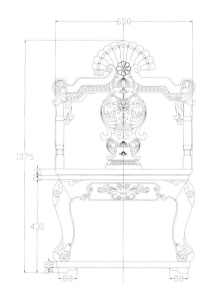

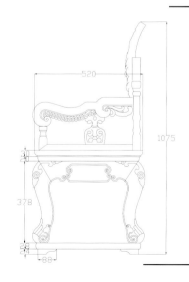

CAD 结构图

椅幾類

193

精雕图

休 闲 桌 组 合

———— 透视图 ————

款式点评：

　　此款休闲桌配套圈椅，造型简单大方，牙条横板透雕花样作为装饰，圆腿直足，圈椅弧线柔美，靠背板符合人体力学弯曲，四腿间牙条牙板弧度自然，下有步步登高枨。

椅几类

主视图

俯视图

透视图

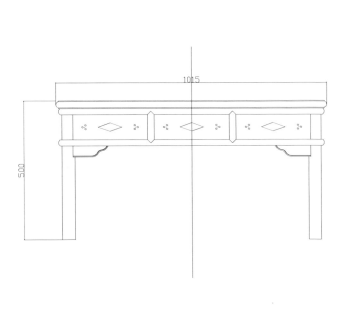

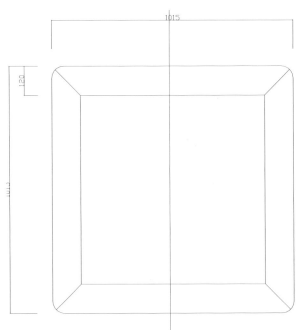

CAD 结构图

主视图

侧视图

俯视图

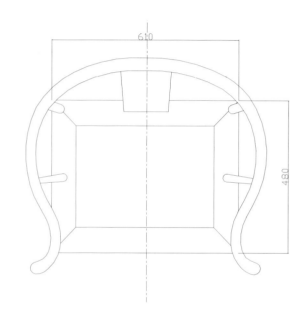

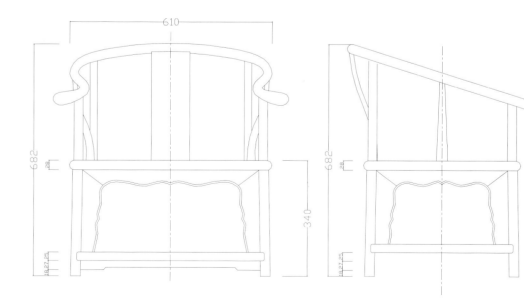

——— CAD 结构图 ———

椅几类

官 帽 椅

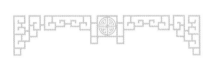

款式点评：

此官帽椅搭脑两端向上翘起，靠背板为檀木制作而成，上端浮雕苍龙教子图样，座板光素，无扶手边框，座板下有壶门圈口，腿外圆内方，腿间步步高横枨。

———— 透视图 ————

主视图

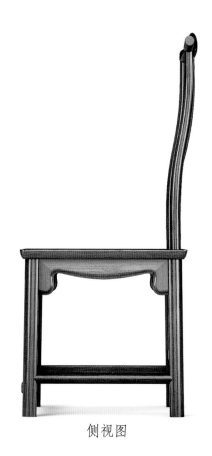

侧视图

俯视图

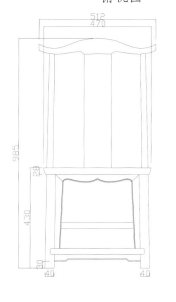

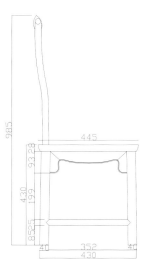

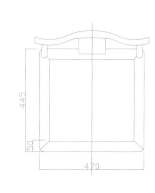

CAD 结构图

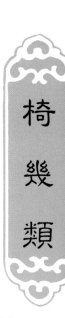

椅

幾

類

餐拐脚餐台组合

———— 透视图 ————

款式点评：

　　此餐台呈长方形，餐桌与座椅均为外八字型腿。桌面光素，牙板牙头雕刻花纹，下以罗锅枨做支撑链接，圆腿外撇。配套座椅有背无扶手，四腿间以罗锅枨加矮老相连。圆腿外撇与餐桌呼应。

主视图

侧视图

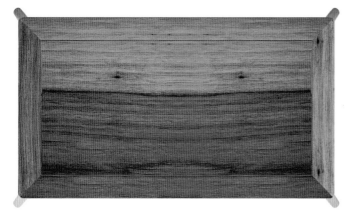

俯视图

———— 透视图 ————

椅幾類

透视图

俯视图

主视图

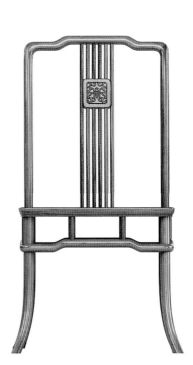

侧视图

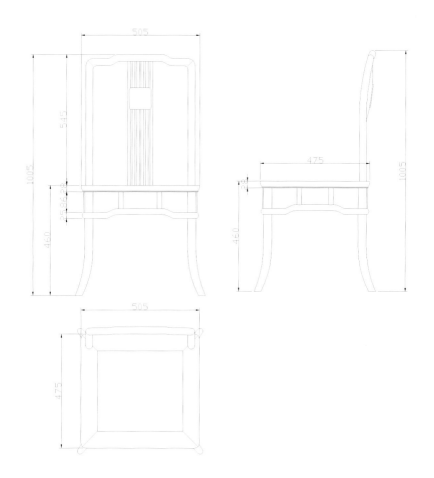

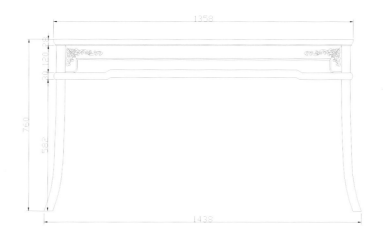

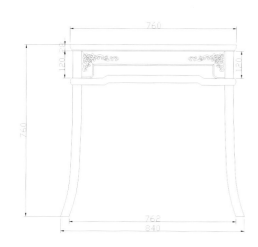

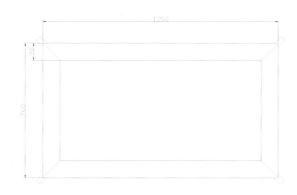

——— CAD 结构图 ———

椅
幾
類

素面餐台组合

———— 透视图 ————

款式点评：

　　此款餐台呈长方形，造型极为简洁，平整光素的桌面下以罗锅枨作为支撑连接四腿，圆腿直足简单大方。配套座椅有背无扶手，椅背框架均以圆木支撑，椅面镶嵌金丝楠水波纹木板，更显高贵大气。

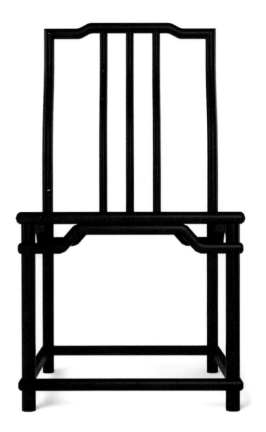

主视图

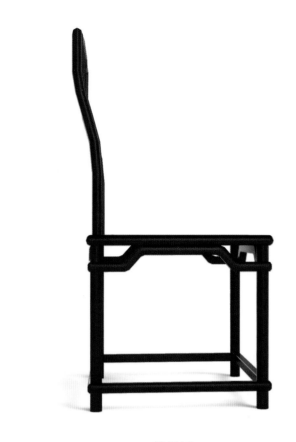

侧视图

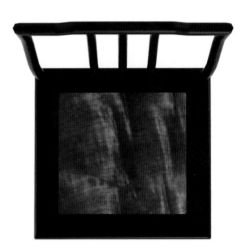

俯视图

——— 透视图 ———

椅几类

205

透视图

主视图   侧视图

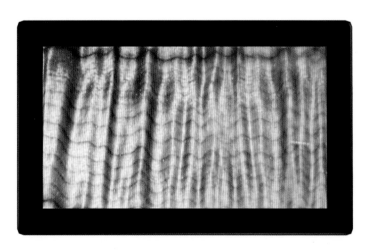

俯视图

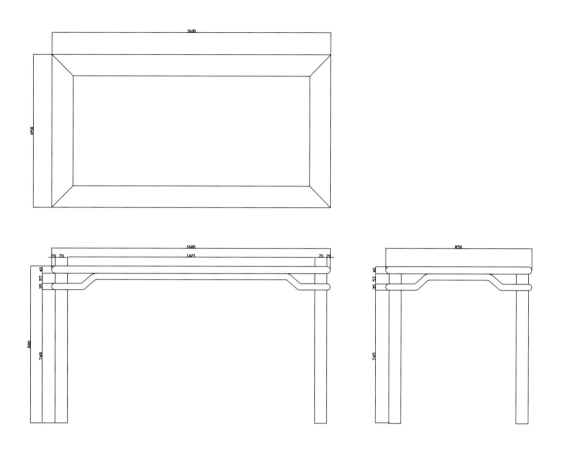

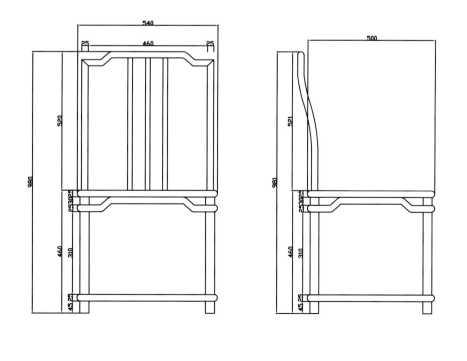

—— CAD 结构图 ——

椅几类

卷叶草纹餐台

———— 透视图 ————

款式点评：

　　此款餐台呈长方形，做工精巧，餐桌牙板雕刻象征生生不息的卷叶草纹，精美的雕工是本餐椅的一大特色。座椅搭脑左右出头，靠背板雕刻与餐桌相呼应的图文，四腿间以壶口式牙子作为连接，下设步步高横枨。

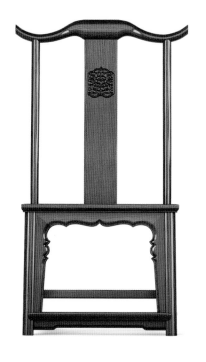

主视图

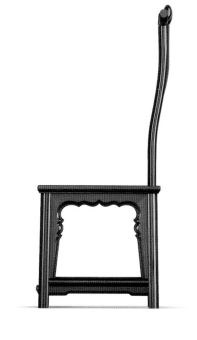

侧视图

俯视图

———— 精雕图 ————

———— 透视图 ————

透视图

精雕图

主视图

侧视图

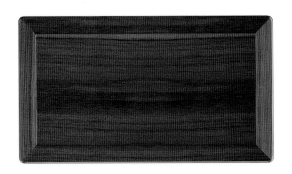

俯视图

CAD 结构图

────── CAD 结构图 ──────

椅

幾

類

五福捧寿餐台

————— 透视图 —————

款式点评：

　　此款餐台方正大气，餐桌桌面光素，下有束腰，四腿间牙板精工细雕福寿字样，方腿直足，足下雕有配套花纹。配套座椅靠背板高出作为搭脑，板面光滑以人体力学为根据曲线柔和，上雕有与餐桌对应的图文，椅面下设束腰，方腿外撇，腿间牙板雕有精美花纹。

主视图

侧视图

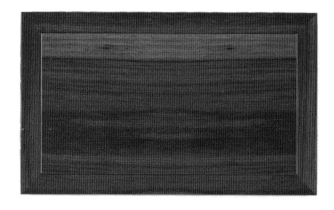

俯视图

—— 精雕图 ——

—— 透视图 ——

椅几类

主视图

侧视图

俯视图

精雕图

透视图

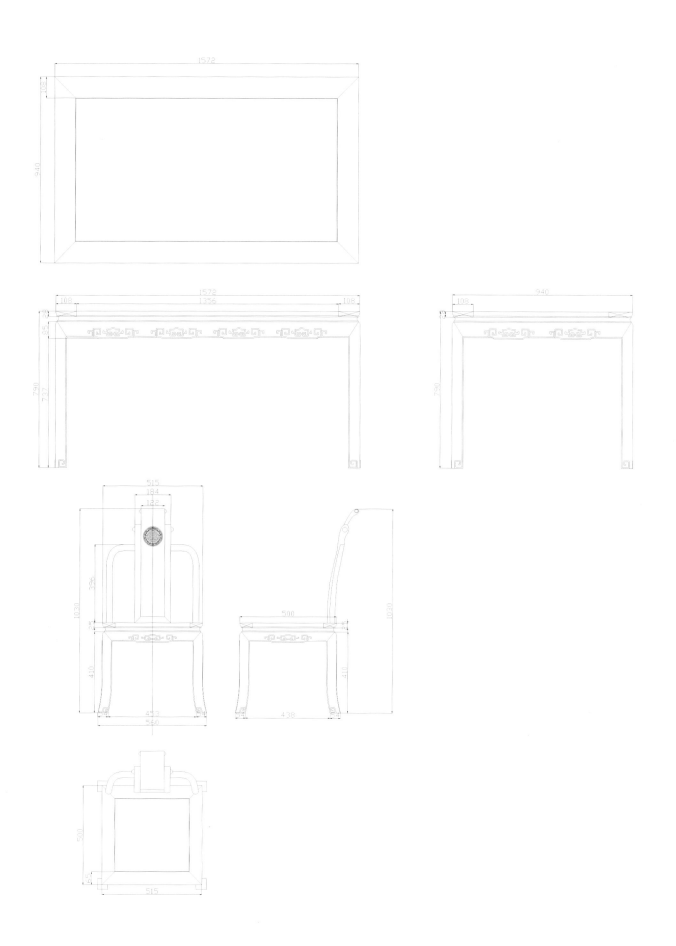

椅几类

回字纹如意餐台

———— 透视图 ————

款式点评：

此餐台以细圆木为主要材料，餐台桌面平整光滑，回字纹作为牙板牙头灵动而美观，圆腿直足简单朴素。配套座椅牙板牙头为如意锁形状，腿间以枨相连。

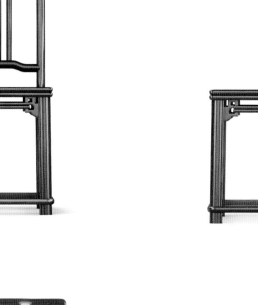

主视图

侧视图

俯视图

透视图

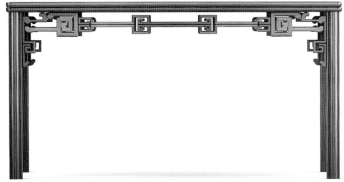

主视图

侧视图

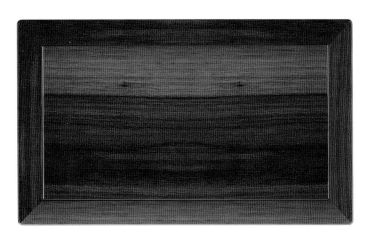

俯视图

———— 透视图 ————

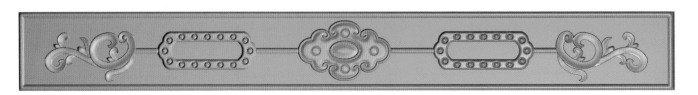

———— 精雕图 ————

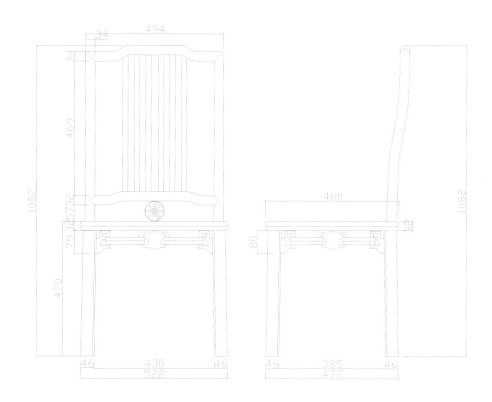

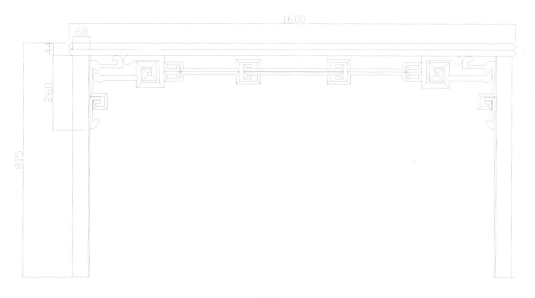

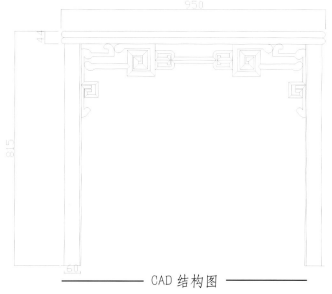

CAD 结构图

椅
幾
類

紫 檀 餐 台

——— 透视图 ———

款式点评：

　　此款餐台为紫檀木所制，造型精巧独特，餐桌极为简洁，桌面光素下以罗锅枨相连接。圆腿直足，脚呈马蹄形。配套座以细圆木做靠背板和搭脑，圆腿直足，脚呈马蹄形，腿间以罗锅枨和矮老做支撑连接。

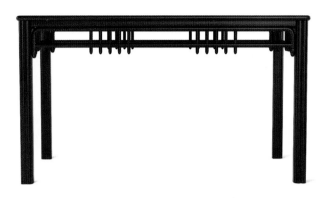

主视图

侧视图

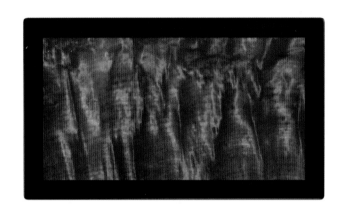

俯视图

—————— 透视图 ——————

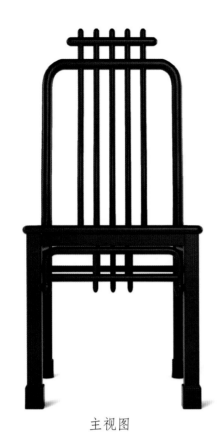

主视图

侧视图

俯视图

透视图

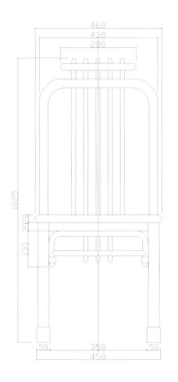
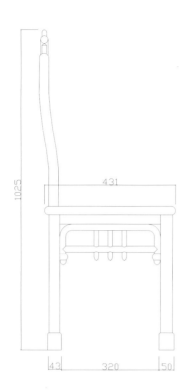
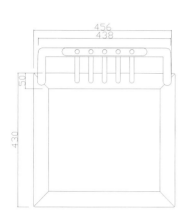

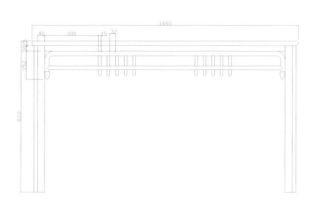
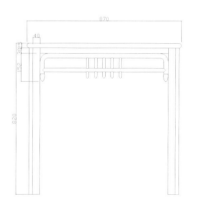

———— CAD 结构图 ————

回字纹餐台

—— 透视图 ——

款式点评:

　　此款餐台呈长方形，台面平整光泽，下设束腰，四腿之间以回字纹牙条牙头做为连接，方腿直足，四脚做内翻马蹄形。座椅简单大方，靠背板上有浮雕花样，下设亮脚灵动自然，腿间以万字纹牙条牙头相连，与餐桌相呼应，腿间步步高横枨。

主视图

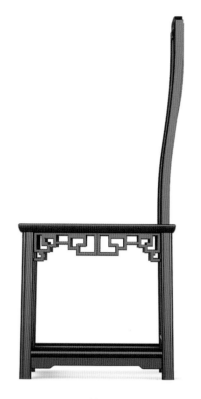

侧视图

俯视图

———— 精雕图 ————

———— 透视图 ————

椅几类

主视图

侧视图

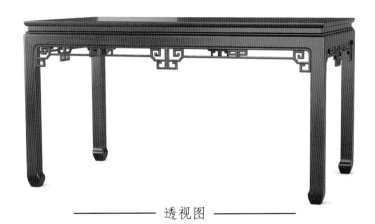

俯视图

透视图

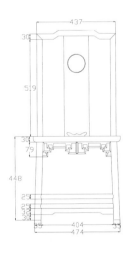

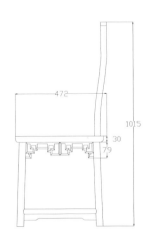

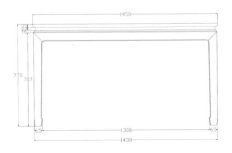

CAD 结构图

附：明清宫廷府邸古典家具图录（含部分新古典家具款式）

椅几类

椅几类：

（1）汉代之前，人们是没有坐具，通常采用的以茅草、树叶、兽皮等制成的席子，席地而坐。直到一种被称为胡床的坐具从域外传入中原，才有了真正意义上的椅凳。后进唐朝的全力发展，椅子才从胡床的名称中分离出来，直呼为椅子。

其中椅子演化为三大种类：凳、椅子、宝座，并又细分成多种名称和造型。

（2）几，是个古代人们坐时依凭的家具，分为花几、茶几等。花几有呈方形，几高几腿长而直，常用来放置家具中的摆设，如盆景，花瓶等物。茶几大多较为矮小，几乎不会单独使用，多放置在一对扶手椅之间，成套陈设在厅堂中，显得古朴而庄重。

名称：金漆雕龙宝座

名称：镂空雕龙宝座

名称：紫檀宝座

名称：镶嵌雕龙宝座

名称：宝座

名称：大红酸枝宝座

名称：山水纹宝座

名称：镂空雕宝座

名称：紫檀宝座

名称：宝座

名称：镂空雕宝座

名称：大红酸枝宝座

名称：宝座

名称：宝座

名称：黄杨木宝座

名称：宝座

名称：宝座

名称：宝座

名称：宝座

名称：宝座

名称：黄杨木宝座

名称：宝座

名称：宝座

名称：黄杨木宝座

椅
幾
類

229

名称：宝座

名称：宝座

名称：宝座

名称：宝座

名称：宝座

名称：宝座

名称：宝座

名称：宝座

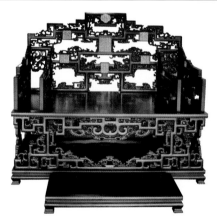

名称：宝座

名称：宝座

名称：宝座

名称：宝座

大國匠造

名称：宝座

名称：宝座

名称：宝座

名称：宝座

名称：宝座

名称：宝座

名称：宝座

名称：宝座

名称：宝座

名称：宝座

名称：宝座

名称：宝座

椅
幾
類

231

名称：太师椅

名称：太师椅

名称：太师椅

名称：太师椅

名称：太师椅

名称：太师椅

名称：太师椅

名称：太师椅

名称：太师椅

名称：太师椅

名称：太师椅

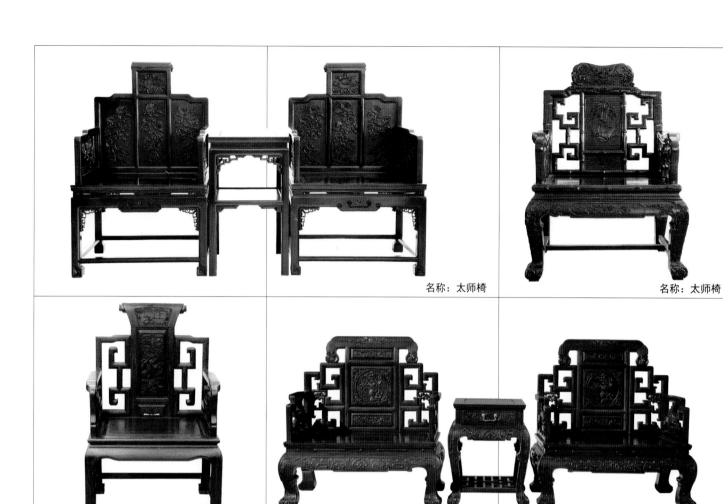

名称：太师椅　　　　　　　　　　　　　　名称：太师椅

名称：太师椅　　　　　　　　　　　　　　名称：太师椅

名称：太师椅　　　　　　　　　　　　　　名称：太师椅

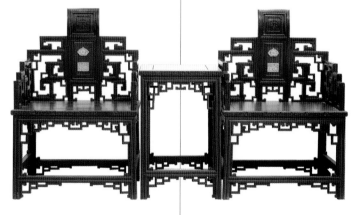

名称：太师椅　　　　　　　　　　　　　　名称：太师椅

椅
几
类

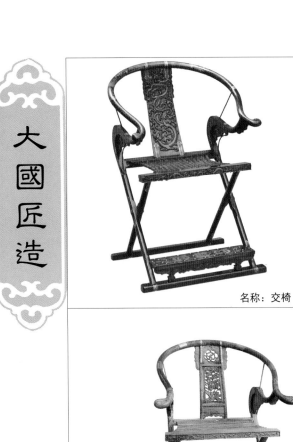

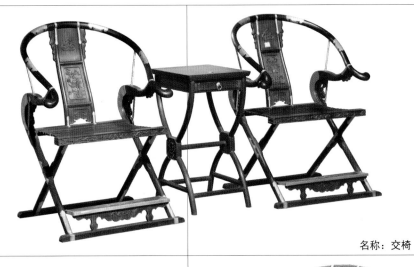

名称：交椅

名称：交椅

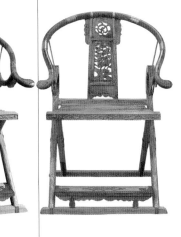

名称：交椅

名称：交椅

名称：玫瑰椅

名称：玫瑰椅

名称：官帽椅

名称：官帽椅

名称：官帽椅

名称：大象椅

名称：太师椅

名称：梳背椅

名称：雕花椅

名称：雕花椅

名称：素圈椅

名称：竹节椅

名称：官帽椅

名称：官帽椅

名称：官帽椅

名称：官帽椅

椅
幾
類

235

名称：官帽椅

名称：官帽椅

名称：官帽椅

名称：官帽椅

名称：官帽椅

名称：官帽椅

名称：官帽椅

名称：四出头官帽椅三件套

名称：官帽椅

名称：官帽椅

名称：官帽椅

名称：官帽椅

名称：官帽椅

名称：官帽椅

名称：官帽椅

名称：官帽椅

名称：南宫官帽椅

名称：矮南官帽椅

名称：官帽椅三件套

名称：官帽椅三件套

名称：官帽椅三件套

名称：官帽椅三件套

名称：官帽椅三件套

名称：官帽椅三件套

名称：皇宫椅

名称：皇宫椅

名称：圈椅

名称：圈椅

大國匠造

名称：圈椅

名称：圈椅

名称：圈椅

名称：圈椅

名称：圈椅

名称：圈椅

名称：圈椅

名称：圈椅

名称：圈椅

名称：圈椅

椅

幾

類

名称：皇宫椅

名称：皇宫椅

名称：皇宫椅

名称：皇宫椅

名称：圈椅

名称：圈椅

名称：官帽椅三件套

名称：官帽椅三件套

名称：官帽椅三件套

名称：玫瑰椅三件套

名称：官帽椅三件套

名称：官帽椅三件套

名称：官帽椅三件套

名称：官帽椅三件套

名称：官帽椅

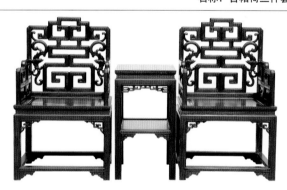

名称：回纹太师椅

名称：明式官帽椅

名称：官帽椅

名称：咖啡台

名称：休闲椅

椅几类

241

名称：雕龙宝座三件套

名称：莲花宝座三件套

名称：灵芝宝座三件套

名称：灵芝宝座三件套

名称：休闲椅三件套

名称：鹿角椅

名称：如意椅

名称：太师椅

名称：休闲椅三件套

名称：休闲椅三件套

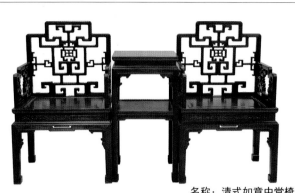

名称：清式如意中堂椅

名称：清式如意中堂椅

名称：清式如意中堂椅

名称：休闲三件椅

名称：明式官帽椅

名称：明式官帽椅

名称：明式官帽椅

名称：竹节官帽椅

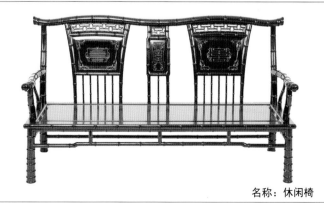

名称：休闲椅

名称：靠背椅

名称：休闲椅

名称：休闲椅

名称：休闲椅

名称：中堂椅

名称：灵芝中堂椅

名称：菩提宝座

名称：情人椅

名称：灵芝中堂椅

名称：休闲椅

名称：福在眼前中堂

名称：灵芝中堂椅

名称：福寿中堂椅

名称：灵芝中堂椅

名称：灵芝中堂椅

名称：中堂椅

名称：官帽椅

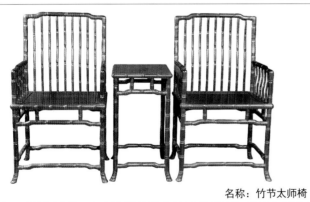

名称：竹节太师椅

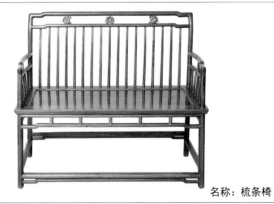

名称：梳条椅

名称：太师椅

名称：梳条椅

椅
幾
類

名称：弯背圈椅

名称：莲花椅

名称：官帽椅三件套

名称：秦汉椅

名称：卷书休闲椅

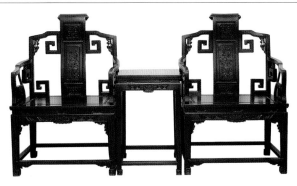

名称：卷书休闲椅

名称：明式太师椅

名称：明式太师椅

名称：明式太师椅

名称：明式太师椅

名称：明式官帽椅

名称：明式官帽椅

名称：明式官帽椅

名称：明式官帽椅

名称：躺椅

名称：躺椅

名称：躺椅

名称：躺椅

名称：躺椅

名称：躺椅

名称：休闲椅

名称：休闲椅

名称：禅椅

名称：小靠背椅

名称：小靠背椅

名称：象头扶手椅

名称：圈椅

名称：休闲椅

名称：休闲椅

名称：躺椅

名称：躺椅

名称：躺椅

名称：休闲椅

名称：休闲椅

名称：躺椅

名称：躺椅

名称：躺椅

名称：官帽椅

名称：躺椅

名称：躺椅

名称：躺椅

名称：躺椅

名称：躺椅

名称：躺椅

椅
幾
類

名称：灵芝中堂

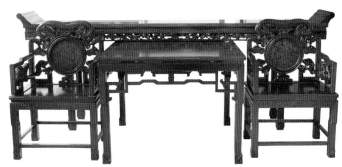

名称：灵芝中堂

名称：中堂

名称：中堂

名称：灵芝中堂

名称：灵芝中堂

名称：灵芝中堂

名称：灵芝中堂

名称：中堂

名称：灵芝中堂

名称：六角花几

名称：花架

名称：拐子脚花几

名称：回纹花架

名称：回纹花架

名称：花架

名称：高花几

名称：香几

名称：香几

名称：花架

名称：香几

名称：花几

椅
幾
類

名称：六角花几

名称：云龙香几

名称：牡丹大花几

名称：小花架

名称：花架

名称：花架

名称：回纹花架

名称：花几

名称：花几

名称：花架

名称：回勾纹花架

名称：圆花几

大
國
匠
造

名称：花几

名称：花几

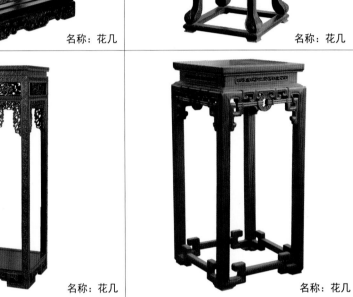

名称：花几

名称：花几

名称：花几

名称：花几

名称：花架

名称：花几

名称：矮几

名称：花架

名称：花架

名称：花架

名称：高花架

名称：六角花几

名称：草龙香几

名称：草龙纹台座

名称：高花架

名称：花架

名称：腾云高花架

名称：花架

名称：扬花香几

名称：草龙大花几

名称：花几

名称：如意香几

名称：花几

名称：花几

名称：花几

名称：花几

名称：花几

名称：花几

名称：花几

名称：花几

名称：花几

名称：花几

名称：花几

名称：花架

名称：鼓凳

名称：小方凳

名称：鼓凳

名称：鼓凳

名称：鼓凳

名称：鼓凳

名称：餐车

名称：折叠凳

名称：鼓凳

名称：小方凳

名称：小方凳

名称：六角凳

大國匠造